一生

子告◎编著

中国华侨出版社

·北京·

图书在版编目 (CIP) 数据

一生三策 / 子告编著 .—北京：中国华侨出版社，
2006.03（2024.7 重印）
ISBN 978-7-80222-082-9

Ⅰ.①一… Ⅱ.①子… Ⅲ.①人生哲学－通俗读物
Ⅳ.B821-49

中国版本图书馆 CIP 数据核字（2006）第 021577 号

一生三策

编　　著：子　告
责任编辑：唐崇杰
封面设计：周　飞
经　　销：新华书店
开　　本：710 mm×1000 mm　1/16 开　　印张：12　　字数：136 千字
印　　刷：三河市富华印刷包装有限公司
版　　次：2006 年 3 月第 1 版
印　　次：2024 年 7 月第 2 次印刷
书　　号：ISBN 978-7-80222-082-9
定　　价：49.80 元

中国华侨出版社　北京市朝阳区西坝河东里 77 号楼底商 5 号　邮编：100028
发 行 部：（010）64443051　　　传　真：（010）64439708
网　　址：www.oveaschin.com　　E－m a i l：oveaschin@sina.com

如果发现印装质量问题，影响阅读，请与印刷厂联系调换。

前 言
Preface

　　不一样的人生策略，造就不一样的人生历程和人生成就。一个人不能浑浑噩噩地过日子，不能靠误打误撞寻求成功，而应该在步入社会之初就确立明确的人生目标，并制定出能实现目标，实施使自己的人生价值最大化的人生策略。有策略地活着，才能活得明白，活得精彩。

　　一个人到底能取得什么样的成就？答案只有在盖棺论定时才会得出，在此之前，没有谁命中注定会穷困一生或富甲天下，一事无成或成就斐然，关键在于你采取了什么样的人生策略。如果仔细研究成功人士的经历你就会发现：他们大多持一种积极进取的人生态度，进而在每一次涉及人生方向的重大抉择时，敢冒风险、勇于进取，以大无畏的精神寻求人生的突破，从而在一次次的突破中，让自己的人生层次不断跃升。

　　多少年前的同学、同乡、战友、同事……曾经都处在同一个山脚下，但能够攀升得更高的人，无一不是采取了"不断寻求突破"这个上上之策。

　　如果你没有可以借力的家庭背景，没有超人一等的才智，又不希望因不断的追求而让自己活得太累，那就选择中策——"自由"地活着。在这里"自由"的含义是在一定范围内拥有任其挥洒的资源保障——有物质方面的资源，也包括其他方面的资源。也就是说，能够依靠化繁为简的处世技巧和个人魅力成为一个能够左右自己，也能左右周围人的能人。

当然，采取什么样的人生策略要根据个人的具体情况而定，并非每一个人都适于取上策、中策，对于大多数人而言，可能更适合于采取下策——解决个人的生存问题。一个人要想活得有尊严，拥有足够的物质保障和精神生活，也必须以主动的人生策略指导自己的工作、生活，以务实的生存之道解决遇到的每一个问题。

有策略地活着不是投机取巧，更不是踩着别人的肩膀向上爬，而是说要活得有智慧、有条理，要自主地挖掘并放大个人潜能，从而拥有一个不至于处处被动、有亮点和光彩的人生。

这里的"三策"也许算不上金科玉律，但其中对人生成败的感悟和总结是真实的，希望读者能从这真实的奉献中得到有益的启示。

目　录
Contents

一策
不断求突破：跳好进与退的人生舞步

人生的最高境界是在不断突破中到达自己人生价值的最高点。一个人可以有很多种活法，但要想避免平庸，就要最大限度地挖掘自身潜能，不断寻找人生中新的突破口，在突破中让自己的人生层次步步升高。而在突破的过程中，进退尺度的把握是成败的关键。

二策
打好处世牌：善于把复杂的问题简单化

处于金字塔顶，能够取得傲视天下的卓越成就的毕竟只有少数人，大多数人不得不生活于平凡之中。但是平凡人并不意味着一辈子甘于平庸，即使没有超人一等的能力和意志，也可以通过打好处世这张牌，对于遇到的种种问题应付裕如，从而创造出任我驰骋的自由空间。

三策

努力谋生存：做个明白是非得失的清醒人

生存是人的最低需求，但是，如果不是以积极的态度，力求找到解决每一个生存问题的对策，这个最低需求恐怕也难以满足。生存状况的好坏首先取决于你的头脑是否清醒，能够看明白周围的人和事。人间多是非，生活有得失，做到冷眼看世界，对一切的是非得失了然于胸，就能找到最佳的生存对策，最大限度地提高自己的生存质量。

一策

不断求突破：
跳好进与退的人生舞步

人生的最高境界是在不断突破中到达自己人生价值的最高点。一个人可以有很多种活法，但要想避免平庸，就要最大限度地挖掘自身潜能，不断寻找人生中新的突破口，在突破中让自己的人生层次步步升高。而在突破的过程中，进退尺度的把握是成败的关键。

第一章
善于凝聚人气才能办成大事

　　没有人能够单枪匹马闯天下，在不同的人生阶段和不同的环境中，无论能力多么强的人也必须争取尽可能多的人的帮助，那么，与周围的人建立起良性的互动关系，为自己凝聚起高指数的人气，是办成大事的必要条件。

建立起自己的人际关系网络

　　我们活在一个怎样的世界呢？打个比喻来说，这个社会是一张网，我们每个人只是网上的一个非常渺小的点。网的特点是：无数个小结构成的一个无边无际的，大得难以想象的网。我们每个人相比较这张网，只能是沧海一粟，要想生活在这张网里面，我们这些孤立的点，就要活起来，与更多的"点"联系，与他们接触，否则我们只不过是一个又一个的"死点"而已，或者说就此限制了自己的生长。

闻名于世的美国著名成人教育大师戴尔·卡耐基经过大量调查研究发现，一个人事业的成功，只有15%是由于他的专业技术，另外的85%要靠人际关系。人际关系广泛与否直接影响到一个人做人的成功与否。

阿泽一直在一家大公司做初级会计的工作。在公司部门几经调整之后，他感到各方面的业务都应付自如了，他希望调到A市去发展，但是他同A市的几个相关大公司没有任何联系。于是阿泽决定通过关系网来办这件事。他动脑筋搜寻了一下他能利用的各种关系，选出可能帮上忙的一些关系。这些人，直接或间接与他想去的A市有联系，且同会计公司有关。最后他选择了两个人，一位是林芳，他妹妹的好朋友，一个是他的老板龙五先生。下一步就是找到这二位之中哪一个能够帮助他。他知道林芳对参加一个女大学生联谊会很感兴趣。于是办法有了。他认识朱凯的一个兄弟朱旋，他的表妹正好是这个联谊会的委员，阿泽通过朱旋介绍林芳见到了他的表妹和联谊会的委员。林芳的愿望得到实现，自然会有所回报。她举办了一个晚会，并在晚会上把阿泽介绍给她的律师父亲。尽管这位律师同A市的任何一家商务公司都没有直接关系，但他在律师圈子里很有声望，通过他的一位朋友的帮助，找到了一家比较大的会计公司的经理，并通过多方努力使阿泽终于得到了满意的职位。

你的成长，无论是职位升迁或是工作的变动，都得益于你各方面的关系。关系越广，你的进步就越大，如果只是局限于一个小圈子里，那你也只能在小圈子里踏步。可以说，较小的关系空间，属于这个人的空

间也很狭小，压制这个人的成长。较大的关系空间，则属于这个人的空间也很广阔，推动这个人的发展

多与各方朋友结关系，发展后劲没有止境。一个人可以有好几种投资，对事业的投资，对人际关系的投资。股票所得资产有限，感情所得资产是无限的，股票有时会吃倒账，用关系却始终能把事办好，股票是有形资产，感情则是无形的资产。

人际关系这个重要的因素，已成为做人成功的铺路石。一个人，纵然是天才，也不会是全能的。尼采鼓吹自己万能，结果发疯而死。一个人要想完成自己的事业，既要利用自己的才智，更要通过人际交往，不断扩展自己的关系网。

鱼和水的关系，其实也就是人与人的关系。因为鱼离开了水不能活，而人离开了人也同样不可想象。就像这则故事所讲的，起初，这几条热带鱼的关系非常有限，只是一个鱼缸的水，以至于它们的身材总是那样的狭小，可一旦与它们相关的关系网发生了改变，由一个鱼缸的水转变为喷水池的水的时候，它们密切相关的关系变得宽广了，它们的身材也一下子从三寸长狂长到一尺多长！

人际交往是我们赖以生存的手段，它可以促进我们的进步，提高成长速度；拥有广泛的人际关系，将会使我们拥有更多的"资本"，正是这种"资本"的不断积累，才使我们创造出和谐美满的天堂式的生活。

遵守做人的互助原则

做人的互助原则，按照古人所说，即"投之以木瓜，报之以桃李。"在日常生活中，有许多偶然的事情将决定你未来的命运，但正所谓世上没有无源之水、无本之木。你必须懂得尊重他人，将爱心和诚心放在首要的位置，你才能赢得对方的尊重和好感，也许，有一天，你就会收到意想不到的收获。

这又是一个比较经典的事例。

柏年在美国做职业律师时，移民潮一浪高过一浪涌进美国土地，他经常要接到移民案子，有时半夜还被传唤到移民局的拘留所领人。这样几年之后，柏年终于有了自己的事业，可是天有不测风云，一念之差，他的资产股票几乎亏尽。同时移民法修改，职业移民名额削减，顿时门庭冷落，他想不到从辉煌到黑暗只是一瞬间的事。

这时，他收到一封信，是家公司总裁写的：愿意将公司30%的股权转让给他，并聘他为公司和其他两家分公司的终身法人代理。他不敢相信自己的眼睛，天下还有这等好事？他找上门去，总裁是个40多岁的人，"还记得我吗？"总裁问。他摇摇头，总裁微微一笑，从办公桌抽屉里拿出一张皱巴巴的5块钱汇票，上面夹的名片，印着柏年律师的地址、电话。他实在想不起还有这一桩事。

"10年前……在移民局……"总裁开口了，"我在排队办工卡，排到我时，移民局已经快要关门了。当时，我不知道工卡的申请费用涨了5美元，移民局不收个人支票，我又没有多余的现金，如果我那天拿不到工卡，雇主就会另雇他人了。这时，是你从身后递了 5 美元上来，我要你留下地址，好把钱还给你，你就给了我这张名片……"

这个故事似乎有些离奇，而世上所有的离奇都带有偶然性，但只要这种偶然性爆发，就会成为人生的重大转机。试想一下，如果故事中的柏年不去用 5 美元助人，他怎么可能会受到总裁那么大的恩惠呢？尽管他起初不是有意的，但也正是他内心深处意识浓厚的互助理念，唤起了他的无意的助人行为，才带来那么大的回报。人与人之间就是这样，你关心别人，别人也会关心你，你的付出一定会换来他人的热情回报和良好关系。当你与朋友见面时，一句简单的问候，便可沁人心脾，感人肺腑，化解隔阂。俗话说："人心换人心"、"将心比心"，若想有真正的朋友，必须懂得互助，懂得尊重人与人之间的关系，这样你才会关心别人，因他的高兴而高兴，因他的担忧而着急。人际关系的圈子是需要你这样投入感情去培养的，只有这样也才会赢得真正的良好的人际关系。

有些看似偶然的好运，其实都是一种必然。那只是你在以前种下的种子，现在开始开花结果。尊重关系，会让你有种自然去帮助他人的好习惯，帮助他人就等于帮助自己。人生路上每个人都会遇到各种各样的困难，如果你能对别人伸出援手，你得到的将不只是快乐，因为你搬走了别人脚下的绊脚石，它却可能成为你做人成功的敲门砖。

真诚的尊重别人，是营造良好人际关系的重要基石。

疏远了朋友也就淡漠了人际关系

公司同事小李过生日，有人提议大家去庆贺，小王也同意去了。到了小李的家里，小王发现小李家已经聚集了很多人，非常热闹的样子。于是小王就有了疑问，为什么他们都能为小李过生日，却不能在自己生日的时候也来热闹一番？

现实生活中，不可避免的，我们要和各种各样的人打交道。做人，其实也就是建立良好的人际关系，而且很多事情都需要我们主动去做。比如，王二结婚，张三生子，李四生日，刘五新升了职务。这些事如果要推到一边也能推开，但别人就会背后说你不懂得做人。这种话现在已经很少有人当面说，于是只有你自己蒙在鼓里，还以为自己人做得很好。善于交往的人，常常会比较关心这些事，送礼请客，帮人凑份子，皆大欢喜，为什么？因为他把日常生活中的应酬，看做是做人的学问。

人类的情感是一个纷繁复杂的世界，它一方面包含了人类自身对客观世界丰富、细腻的反映与体验，另一方面又反过来影响人们自身的认识、行为，成为人类了解、把握自身的一把金钥匙。例如人们受了别人的恩惠，会感到内疚与不安，于是有了"知恩图报"、"滴水之恩，涌泉相报"的思想与行为；人们受了侮辱，自尊受到伤害，会感到愤怒，想发泄，想反击来维护自尊，于是有了"有仇不报非君子"的信条。许多人只是不自觉地使用着关系本身。如，找朋友帮忙，请领导开恩，等等。只是人们在使用这种关系时，太简单、太随便、太直接。往往是单方面求人，结果很不理想，对方不是没有兴致，就是消极应付，甚至还会泼些冷水。就是勉强帮了忙，自己也很没面子。而且事不过三，下次再难开口。

从对方的角度讲，你的事跟人家有什么关系呢？就是天生的菩萨心肠，这种事情做得多了，也会产生厌烦感甚至拒绝你。因此，要想较好地获得他人的帮助，必须掀起对方的情感，这样你的事就变成了对方的事，你们共同的事。如果这样，没有人会不愿意的。

像上面这个故事中，小王所遇到的情况，就是典型的人际交往还不到位。对于小王来说，当他的人际关系欠佳的时候，要扭转这种内心的失落，不妨积极主动一些，多找一些借口，在人际交往中学会做人。而且，在小王身边就有现成的样本，例如受到大家欢迎的小李，小王可以注意观察小李平时的言行举止，找到适合自己的。其实，这个问题本身也没那么复杂。比如说当领到一笔奖金，又适逢生日，就可以采取积极的策略，向他所在部门的同事说："今天是我的生日，想请大家吃顿晚饭，敬请光临，记住了，别带礼物。"在这种情形下，不管同事们过去和小王的关系如何，这一次都会乐意捧场的，也一定会给同事们留下一个非常好的印象。只要小王坚持以这种态度做下去，那么，小王下一次再有什么事情的时候，就会是一呼百应、众星捧月的局面了。

事实上，最重要的还是要认识到人际交往的重要性，并且能以积极主动的态度去执行，那么，或早或晚，你都会收获到丰厚的回报。

没有人会为你设限，人生真正的劲敌其实是你自己，别人不会对你封锁沟通的桥梁。可是，如果你自我封闭，以漠视与他人、与社会的关系的态度来做人，不可能得到别人的友爱和关怀。走出自己狭小的空间，用真心去面对身边的每一个人，收获友情的同时，你眼中的世界会更加美好。

交朋友要有所选择

古人曰："与善人交，如入芝兰之室，久而不闻其香；与不善人交，如入鲍鱼之肆，久而不闻其臭。"这句流传久远的名言，生动地说明了"慎交友"的重要。事实也确实如此。一个人的朋友如何，对自身的成长、发展，往往起着很大的作用。这是一种看不见的、潜移默化的、熏陶感染的力量。

在人际关系场，各种关系错综复杂，而朋友关系由于是你最值得信赖的，所以它对你也影响至深。

交朋友要交有血性、有骨气、有仁德的朋友。利势、利权、利财之交，都是不长久之交。

由于人们的世界观、兴趣、爱好各不相同，所以朋友也有许多种类型。正所谓"人上一百，形形色色"。人人都希望能够交上知心朋友，知心是重要的，你知道我的思想，我知道你的想法，互相关心、互相帮助、共同进步，这是知心朋友交往的主要内容。

正因为人们所结交的知心朋友对人的一生都会产生很大的影响，所以交友必须注意择友。

"管宁割席"说的就是古人的交友之道。管宁与华歆在年轻时是一对很亲密的朋友。一次，他俩在园中锄地发现地上有块金子。管宁继续锄地，把金子看成是瓦石，而华歆则捡起了金子。又有一次，两人一齐坐在炕席上读书，忽然听到外面鼓声动天，有位达官显贵乘坐华丽的车马经过门前，管宁仿佛没有听见一样，埋头读书，而华歆却连忙丢下书本，跑到街上去看，露出羡慕不已的神情。管宁见此情景，就再也不愿与他为友，于是就用刀子把炕席一割为二，不跟华歆坐在一起。

朋友是终生的老师，人生旅途的忠实伴侣。一帆风顺，得意兴奋时，他伴随着你；坎坷多磨，失意受挫时，他也不离开你。这面镜子往往能够让你照一照自己，检点自己的言行。你的品行，你的学业、事业，都时时在他的关注之下，给你以指点和警醒。如果一个人能多交一些好的朋友，就可以常"入芝兰之室"，其思想境界、文化修养、意志品质就能得到很好的熏陶，人生的价值，就能得到充分的体现，生命的意义就更丰富深刻。

朋友关系是所有关系中最主要的关系之一，不可以儿戏待之，一定要有选择性。

赠人以桃才能期望得之以李

俗话说："在家靠父母，出门靠朋友"，多一个朋友多一条路，人情就是财富。拉关系是被动的，可如果别人欠了你的人情，让关系走过来自然会很容易，有时甚至不用自己开口。做人做得风光者，大多与善于结交人情，乐善好施有关。

对于一个身陷困境的穷人，一枚铜板的帮助可能会使他解决极度的饥饿和困苦，或许还能干出一番事业，闯出自己的天下；对于一个执迷不悟的浪子，一次促膝交心的帮助可能会使他建立做人的尊严和自信，或许在悬崖勒马之后奔驰于希望的原野，成为一名真正的勇士。

有一种说法，叫做生活不需要技巧，讲的是人与人之间要以诚相待，不要怀着某种个人目的。因为一旦对方发现自己是被你利用的工具，即使你对他再好，也只能引起他对你的敌意，并拒绝和你继续保持关系。

帮助有两种可能，一种可能是随便帮帮，一种可能是一帮到底，做足人情。第一种帮助不能说它不是帮助，因为它也能给人带来某种好处，但随便的帮助不是真正的帮助，因为这种随便的帮助在关键的时候总是不管用。第二种帮助才是真正的帮助，它能帮人彻底解决实际困难。我们时常用"两肋插刀"来形容朋友之间深厚的情义。也就是说，只有共患难的人是朋友！为什么呢？

生张熟李的人，人缘看起来挺不错，新朋友一个接一个。但是真正需要帮忙的时候，只怕一个可依赖的朋友也没有。梅干也是一样，别的食物都要新鲜，唯有梅干却是愈久愈甘醇。梅干起初也是新鲜的果子，经过一番时日的酝酿，才制成后来的美味。朋友自然也是由生而熟，在长时间的交往中，各种不同的思想见解，经交流和冲突，而获致融洽。两个不同的东西，要完全融合，需时间，时间是最好的考验。只有在面临变故时能够共患难的人，我们才称之为朋友。

帮助别人离不开技巧。在具体的情景下，当你想帮助某个人时，你要注意具体方法，如何帮助他，才能使他真正得到你的帮助。一位残疾人坐在三轮车上上坡，但因坡度较大，他费了很大的劲也没上去。好心的你走上前，想帮助他，告诉他用力的技巧，但他此时最需要的，是你从后面推他一把，让他顺利通过这段道路。

帮助别人，不要居功自傲。帮助时应注意：不要使对方觉得接受你的帮助是一种负担；帮助要做得自然得体，也就是说在当时对方或许无法强烈地感受到，但是日子越久越体会到你对他的关心，能够做到这一点是最理想的；帮忙时要高高兴兴，不可以心不甘、情不愿。如果你在帮忙的时候，觉得很勉强，意识里存在着"这是为对方而做"的观念，那么当对方对你的帮助毫无反应时，你一定大为生气，认为，我这样辛苦地帮你，你还不知感激，太不识好歹了。如此态度甚至想法都不要有。

如果对方也是一个能为别人考虑的人，你为他帮忙的各种好处，绝不会像泼出去的水，难以回收，他一定会用别的方式来回报你。对于这种知恩图报的人，应该经常给他些帮助。

总之，人不是刺猬，难以合群，人是情感动物，需要彼此的互爱互助，且不可像自由市场做生意那样赤裸裸的，一口一个"有事吗"，"你帮了我的忙，下次我一定帮你"。忽视了感情的交流，会让人兴味索然，彼此的关系也维持不了多少时间。

一个篱笆三个桩，一个好汉三个帮。你拉着我的手，我拉着他的手，他拉着你的手，这个世界就属于你我他大家的了。

人际交往的和谐要靠距离来维持

在寒冷的冬夜，两只困倦而又冻得发抖的刺猬拥在一起。可因为各自身上都长着锋利的刺，靠得太近就会被对方身上的利刺戳到，于是它们赶紧离开对方。但很快又冷得无法忍受，于是又凑到一起。经过几次的反反复复，分分合合，两只刺猬终于找到一个合适的距离：既能互相获得温暖而又不至于被对方的刺伤害。

人从小到大，都会交一些朋友，这些朋友有的只是普通朋友，但有的则是可称为"死党"的好朋友。

但是我们也常发现，一些"死党"到后来还是散了，有的是"缘尽情了"，有的则是"不欢而散"。

人能有"死党"是很不容易的，可是散了，多可惜啊！

而"死党"一散，尤其那种"不欢而散"，要再重新组"党"是相当不容易的，有的甚至根本再无见面的可能。

人一辈子都不断在交新的朋友，但新的朋友未必比老的朋友好，失去老朋友更是人生的一种损失，为了避免失去老朋友，不让多年的关系随风而散，有一个潜规则需要了解：再亲密的关系也是需要距离的。

《圣经》上说，上帝按自己的模样创造了人的形体。兴致所至，用树枝沾满泥浆，甩成了成千上万个人形。上帝又寂寞了，于是赋予人类语言、不同的性情和喜怒哀乐。从此，人类诞生繁衍，也不再有完全同样的两个人。

的确，世上没有完全同样的两个人。两个人，不论其形体多么相像，他们绝没有完全同样的性情、爱好，绝对没有同样的经历和对事物同样的认知观点。于是，距离就存在了，距离成为人际关系的自然属性。有着亲密关系的两个朋友也毫不例外。成为好朋友，只说明你们在某些方面（或许多方面）具有共同的目标、爱好或见解以及心灵的沟通，但并不能说明你们之间是毫无间隙、融为一体的。任何事物都存在着其独自的个性，事物的共性存在于个性之中。共性是友谊的连接带和润滑剂，而个性和距离则是友谊相吸引并永久保持其生命力的根本所在。人际关系就像弹簧一样，保持适度的距离以及适度地拉伸和压缩，会使之保持永久的弹性美。

是的，因为距离的美，你和他都想进入对方那颗美好的心灵，都努力展现各自的魅力和对对方的关怀。随距离的缩短，"金无足赤"的人类的瑕斑也在友谊的光环中出现，过深的了解使你发现了对方人性中并不完美的一面。于是，瑕斑的影子在你心灵里冲突，某些不和谐伴随出现。由于关系距离的拉近，你和他都在内心要求对方须与自己一起摆动，少许的违背都使你特别在意。于是，被欺骗感和不忠实感使你对友谊产生了怀疑、冷淡和争执，又将友谊的根基动摇，关系变形了，再难恢复其原来的和谐。这时你便会懊恼：为什么当初要缩短这关系，破坏了相互间的距离美和朦胧美。

人就是这样奇怪：未得到时，总想得到，未靠近时总想贴在一起，真正得到和靠近却又太过苛求。人总在无意中伤害着他们自己。很奇妙的是，好朋友的感情和夫妻的感情很类似，一件小事也有可能造成感情的破裂。

人说夫妻要"相敬如宾"，自然可以琴瑟和谐，但因为夫妻太接近，要彼此相敬如宾实在很不容易。其实朋友之间也要"相敬如宾"。确信"相敬如宾"，"保持距离"便是最好的方法。

何谓"保持距离"？简单地说，就是不要太亲密，一天到晚在一起；也就是说，心灵是贴近的，但肉体是保持距离的。

能"保持距离"就会产生"礼"，尊重对方，这礼便是防止双方碰撞的"海绵"。

有时太过保持距离也会使双方关系疏远，尤其是现代社会，大家都忙，很容易就忘了对方。因此，对好朋友也要打打电话，了解对方的近况，偶尔碰面吃个饭，聊一聊，否则就会从"好朋友"变成"朋友"，最后变成"只是认识"了！

刺猬的例子是对人与人相处需要距离的最贴切的诠释。两只刺猬在寒冷的冬天，为了借助对方的体温来温暖自己，凑到一起，可惜它们身上都有刺。距离太近，刺得双方很难受。可是双方离得很远又因为远离了对方冷得很难受。它们只有不断地摸索着距离的远近，并找到一个合适的距离，才既能相互获得温暖又不至于被对方的刺伤害。做人也是这样，由于每个人都有自己的个性，两个人走得太近很容易由于个性的摩擦造成双方的不愉快。但是一个人活在社会上又不能没有其他人，所以与朋友保持适当的距离，是做人应该遵守的一个潜规则。

第二章
想改变现状先要学会适应现状

一个人在追求成功的过程中必须明白一个浅显的道理：只有学会了适应才能够实现改变的愿望。理想与现实之间总会存在差距，正确的做法是依托现实，在一般中寻找规律，在不利中寻找有利的方面，这样才能以最正确的方法达到改变现状的目的。

从不利的现状中搜寻有利因素

适应现状不是安于现状。当所处的环境对自己不利时，既不能怨天尤人，也不能随遇而安。正确的态度是，首先承认现实，然后从诸多不利因素的夹缝中寻找有利因素，并力争借此改变现状。

对于大多数人来说，所要适应的现状一般来说就是要适应"困境"，因为它是所有现状中最能引起人们注意，也是最让人恐惧的。

在一个家庭里有两个兄弟，由于长期受到酗酒父亲的虐待，最后他们选择了离开家里，各自出外奋斗。多年后，他们应邀参加一项针对酗酒家庭的研究活动，这时的哥哥早已成了一位滴酒不沾的成功商人，而弟弟却成了一个和父亲没有两样的酒鬼，生活穷困潦倒。主持这项研究的心理学家对他们的际遇相当好奇，忍不住问他们："为什么你最后会变成这个样子呢？"出乎众人意料之外的是，两人的答案竟然一样："如果你的父亲也像我的父亲一样，你还能怎么办？"这则故事说明了因厄运造成两种不同的结果。你可以被困境轻易打倒，也可以把厄运当作是生命的原动力，激励你获得成功。事实一再证明，生命中发生了些什么事并不重要，重要的是我们选择要怎么做。对某些人来说，这是很早就已学得的教训。虽然许多从小受教育或受虐待的人，长大后生活极不如意，但深受虐待能够摆脱宿命，成为健康、健全并拥有极高成绩的人，也大有人在。其实一切问题全在于人们如何看待自身的处境。

赫恩是橄榄球 1986 年世界杯纽约大都会队的主将，当时，夺下冠军杯的他，认为自己毕生的梦想已然实现。谁知道，新赛季一开始，大都会队就将他卖给了堪萨斯皇家队，当成交换投手大卫的条件。更糟的是，刚到皇家队两个星期，他的肩伤就复发了，除了必须接受肩膀重建的手术之外，还需花三年时间进行复检。到了 1991 年，尚在复检的他方才意识到自己的职业生涯已悄然结束，于是他选择了退役。然而更不幸的是，引退三个月，他被诊断出患三种重症，第一种是伽马球蛋白贫血症，每个月需花 3000 美金用于静脉注射治疗；第二种则是会在睡梦中突然停止呼吸的睡眠窒息症，让他每天晚上都得装上呼吸器才能安睡；第三种——也是最严重的一种——则是肾脏病变，逼得他必须接受肾脏移植手术才能活命。从 1992 年开始，赫恩每年光是医药费用，就得花掉 4 万美金，而且，终其一生他都得这么过下去。1993 年某一天，赫恩的心情跌到低谷，他沮丧地走进家里的地下室，拿出手枪准备结束自己的生命。突然间，意念一转，他猛然发现内心深处的自己根本不是一个那么轻言放弃的人。后来在谈到自己的转变时他说：

第一，我知道自己遇到问题了，但我不能自怨自艾，我必须有所作为，因为这个时候没有人可以帮我忙，为我代劳。所以，我开始寻找心理咨询，医生给了我一些处方，还很有效；

第二，我以前老是听说，假如你心里充满了积极的想法，你就真的能够改变自己的思考习惯；

第三，真正让我重燃希望的事情则是有一天，我受邀到堪萨斯市演讲，当时我仍然处于低潮，压根儿就不愿意去。可是，球队兄弟们一再重申我非去不可，于是我硬着头皮上台足足讲了 40 分钟。演讲结束后，全国演说协会主席向我走来，劈头就说："你的故事相当感人，你说得好极了，我们非常希望请你到各地演讲，因为现在社会上，有太多人面临困境和挑战，却不知如何突破和面对。"

在之后的这些日子里，赫恩跑遍全国各地，到各大公司、协会，给青少年演讲。他说："坦白说，比起期盼再上联盟打球，今天的我更渴望演讲。"

是的，逆境常能造就我们，我们也常会因祸得福，它是生命中的一部分，比起其他事物它更能给我们教训，给我们磨炼。

有时候，在你知道自己能够做些什么之前，你必须先了解自己无法做些什么。科学家兼发明家阿特·福莱曾说："科学乃至生命都是不断试误的过程，就像孩子们玩的猜数字游戏一样。甲先在心里想个数字，乙再猜甲想的是哪一个数字，如果没有猜中的话，甲就得告诉乙数字再大一点或再小一点，直到乙猜出正确的数字为止。"所以，你必须将生活中的各种不利因素视为成功的重要成分，这种了解"何者可行，何者不可行"的过程是极具价值的，是做成任何事的条件之一。

多做几次换位思考

如果非要给"换位思考"找理由的话，我们说它让你懂得理解，让你懂得自己不理解的东西也有与你一样存在的理由。

你不是一条响尾蛇，唯一的解释是：你的父母不是响尾蛇。你不与牛接吻，认蛇为神圣，唯一的解释是：因为你没有生在勃兰马拨拉河岸一个印度家庭中。

拿破仑·希尔指出：要试着去了解别人，从他的观点来看事情，就能创造生活奇迹，使你得到友谊，减少合作中的摩擦和困难。

也许别人完全是错的，但他们自己并不这么认为。所以，不要责备别人，只有不聪明的人才会那么做；试着去了解别人，只有聪明、容忍、特别的人才会这么做。

尝试着站到他人的立场上。如果你对自己说："如果我处在他的情况下，我会有什么感觉，有什么反应？"那你就会节省不少时间及苦恼。

因为"若对原因发生兴趣，我们就不太会对结果不喜欢。"而且，除此之外，你将可大大增加你在做人处世上的技巧。

肯尼斯·古地在他的著作《如何使人们变为黄金》中说："暂停一分钟，把你对自己的事情的深度兴趣跟你对其他事情的漠不关心互相作个比较。那么，你就会明白，其他人也正是抱着这种态度！于是，跟林肯及罗斯福等人一样，你已经掌握了从事任何工作——除了看守监狱的工作之外的唯一坚固基础，也就是说，与人相处能否成功，全看你能不能以同情的心理，接受别人的特点。"

纽约州汉普斯特市的山姆·道格拉斯，过去经常说他太太花了太多的时间在整修他们家的草地、拔除杂草施肥上。他批评她，说一个星期她这样做两次，而草地看起来并不比 4 年前他们搬来的时候更好看。他的话激怒了他的太太，那天晚上的和睦气氛就遭到了破坏。

在明白了合作产生巨大的力量后，道格拉斯先 z 体会到他过去几天来真是太愚蠢了。他从来没有想到她整修草地的时候自有她的乐趣，以及她可能渴望别人为她的勤劳而夸赞她几句。

有一天，在吃过晚饭后，他太太要去除草，并且想要他陪她一起去。他先拒绝了，但是稍后他又想了一下，跟她出去，帮她除草。她显然极为高兴，两个人一同辛勤地工作了一个小时，同时也愉快地谈了一个小时的话。

从那天起，他常常帮她整理草地花圃，并且赞扬她，说她把草地花圃整理得很好看，把院子中的泥土弄得好像水泥地一样平坦。结果是：两个人都更加快乐。因为他学会了从她的观点来看事情——即使是像清除杂草这样的事。

在《打开别人的心》一书中，吉拉德·黎仁柏评论说："在你表现出你认为别人的观念和感觉与你自己的观念和感觉一样重要的时候，谈话才会有融洽的气氛。在开始谈话的时候，要让对方提出谈话的目的或方向。如果你是听者，你要以你所要听到的是什么来管制你所说的话，如果对方是听者，你接受他的观念将会鼓励他打开心胸来接受你的观念。"

卡耐基常在一个离他家很近的公园内散步和骑马。当卡耐基看到那些嫩树和灌木一季又一季地被一些不必要的大火烧毁时，觉得十分伤心。那些火灾并不是疏忽的吸烟者所引起的，它们几乎全是由那些到公园内去享受野外生活、在树下煮蛋或吃热狗的小孩子们所引起的。有时火势凶猛到只有消防队才能扑灭。

公园里的一块警示牌上说："任何人在公园内生火，必将受罚或被拘留。"由于警示牌立在比较偏僻的角落里，很少会有人看到。而公园内的那个骑警也不负责任，使火灾频频发生。

有一次，卡耐基告诉这个警察一场大火已迅速在公园里蔓延，希望他尽快通知消防队。但那名警察不仅漠不关心，并说这不关他的事——因为这不是他的管区！卡耐基很失望，所以后来到公园里去骑马的时候，他的行为就像一位自封的管理员，试图保护公家土地。

刚开始的时候，他不会试着去了解孩子们的看法。卡耐基一看到树上有火，心里就很不痛快，急于要做件好事，结果却做错了。他总是骑马来到那些小孩子面前，警告说：你们可能会因为在公园内生火，而被关进监牢去。卡耐基以权威的口气命令他们把火扑灭。如果他们拒绝，他就威胁要把他们逮捕起来。他只是尽情地发泄自己的感情，根本没有想到他们的看法。

结果是那些孩子不甘心地服从。等卡耐基骑马绕过山丘之后，他们很可能又把火点燃了，并且极想把整个公园烧光。

随着年岁的增长，卡耐基对做人处世有了更深一层的认识，变得更为"圆滑"，更懂得从别人的观点来看事情。于是，他不再下命令，而会骑马来到那堆火面前，说出大约像下面的这样一段话：

"玩得痛快吗？孩子们。你们晚餐想煮些什么……我小时候自己也很喜欢生火，而且现在依然喜欢。但你们应该知道，在这公园内生火是十分危险的。我知道你们这几位会很小心，但其他人可就不这么小心了。他们来了，看到你们生起了一堆火，因此他们也生了火，而后来回家时却又不把火弄灭，结果火烧到枯叶，蔓延起来，把树木都烧死了。如果我们不多加小心，以后我们这儿连一棵树都没有了。你们生起这堆火，就会被关入监牢内。但我不想太唠叨，扫了你们的兴。我很高兴看到你们玩得十分痛快，但能不能请你们现在立刻把火堆旁边的枯叶子全部拨开？而在你们离开之前，用泥土，很多的泥土，把火堆掩盖起来。你们愿不愿意呢？下一次，如果你们还想玩火，能不能麻烦你们改到山丘的那一头，就在沙坑里生火？在那儿生火，就不会造成任何损害……真谢谢你们，孩子们。祝你们玩得痛快。"

当他说完这番话，小孩子是非常情愿与他合作的。他们并没有被强迫接受命令，保住了面子他们会觉得舒服一点。卡耐基也会觉得舒服一点，因为他先考虑到他们的看法，再来处理事情。

在个人问题变得极为严重的时候，从别人的观点来看事情也可以减缓紧张。

大洋洲南威尔斯的伊丽莎白·诺瓦克曾讲过这样一件事："我过了

6个星期而没有付出买汽车的分期付款。负责我买车子分期付款账户的一名男子来电话，不客气地告诉我说，如果在星期一早晨我还没有付出122块钱的话，他们公司会采取进一步行动。周末我没有办法筹到钱，因此在星期一一大早接到他的电话的时候，我听到的就没有什么好话了。但是我并没有发脾气，而是以他的观点来看这件事情。我真诚地抱歉给他带来了很多的麻烦。而且，由于这并不是我第一次过期未付款，我说我一定是令他最头痛的顾客。他说话的语气立刻改变了，并且说根本不是令他最头疼的顾客。他还举出好几个例子，说明好些顾客有时候极为不讲理，有的时候满口谎言，更常有的是躲避他，根本不跟他见面。我一句话不说，让他吐出心里的不快。然后根本不需要我请求，他说就算我不能立刻付出所欠的款额也没有关系。他说如果我在月底先付20元，然后在我方便的时候再把剩下的欠款付给他，一切没有问题。"

不论你有什么样的请求或要做什么，请你试着从别人的观点仔细想一想整件事。问问你自己："为什么他应该这么做？"这样，也许会花费你很多时间，但这能使你结交到朋友，得到更好的结果：减少摩擦和困难。

塑造一个易为人所接受的性格

性格的形成包括天生和从小培养成两部分，而性格一旦塑造成型便很难再改变。所以，当我们走上社会，发现自身的很多性格特点不利于自身的发展时，往往首先感叹：唉，这是天性，我对自己也没有什么办法呀。

显然，这是在为自己采取行动寻找借口。

性格有缺陷固然会使交往存在一些障碍，但并非不能克服。首先我们要对问题有清醒的认识。常见的性格缺陷及其障碍有：

①自我封闭的缺陷。这种性格特征的人人为地封闭自己，不与他人交往，把一切都闷在心中而不说给别人听。这种封闭性格的人如不及时纠正则变得寂寞、心事重重、多疑而怪僻，严重影响自己的交往和与他人合作。

②社交恐惧型的性格缺陷。这种性格的人在交往中心存恐惧，有说话结巴、面红耳赤、语无伦次甚至浑身抽搐等症状。有这种症状的人在交往中会无形中与群体隔离，把自己隐藏起来，从而变得忧郁、苦闷、自责甚至自伤。

③缺乏自信型性格缺陷。这种类型的人在交往中缺乏自信，对结果缺乏勇气面对，失去争取成功的信心，不敢正视现实，想象的是更多的困难和失败，因而没有与人交往的勇气和信心。

④嫉妒型性格缺陷。这种性格缺陷的人在交往中生怕别人比自己强，因而心存嫉妒，想方设法置对方于不利地位。这种人容不得别人，最终也毁了自己。

⑤沮丧自卑型性格的缺陷。这种类型的人常常心情沮丧、自卑，常常有无名的焦虑、忧郁等心情，不能进行正常交往，从而难以与人沟通。

这5种性格缺陷都是影响与人交往的障碍。只有认清自己的性格特征，努力克服存在的性格缺陷，才能完善自己的性格，在交往中求得与人更好的合作。

热忱、开朗的性格也可以说是开放型性格。所谓开放型性格，就是密切注视外部世界，积极进行社会交际，并且及时吸收社会上一切有益的新观念、新思潮和新信息；就是喜欢与人交往，待人热情，坦诚相见，积极与人进行信息的交流、情感的交流。在开放性的社会中，开放型性格是使我们适应时代变化、跟上社会发展的重要条件。试问，若是一个人待人接物缺乏热情，不开朗，而且冷冰冰的、吞吞吐吐，那么，决不会有人愿意与他（她）交往。那些朋友遍天下，到哪儿都不寂寞孤单的人，往往都是待人热情、开朗的人。也正是热忱、开朗的性格使他们赢得了好人缘。中国有句俗语，"多一个朋友，多一条道"。当今社会，一个人的成功，必须有别人的合作、有朋友的帮助。正是在这个意义上，好的人缘、和谐的人际关系，对双赢人生起着决定性的意义。而热忱开朗的性格对好人缘的形成至关重要。

几位经理同时给 2000 名顾客寄出一份问卷："请查阅你公司最近解雇的三名员工的资料，然后回答：你为什么要他们离开？"调查的结果令这几位经理惊讶不已，无论工种是什么，地区在哪里，有 2 / 3 的答复是："他们是因为与别人相处不好、没有好人缘而被解雇的。"

一位做太阳能热水器生意的女士，性格活泼开朗，待人热情诚恳，赢得了周围人的喜欢，编织了一个很好的人缘关系网，由白手起家至今短短三四年，存款已是 7 位数了，令人羡慕不已。由于性格的优势，厂家愿意把产品由她经销，价格等各方面条件还有优惠。由于她待顾客热情、诚恳，人们更愿意买她经销的热水器，她的回头客特别多。

现在，由于市场经济大潮的冲击，对财富的追求往往被当成头等大事。于是不少人在抱怨人情的淡漠、世态的炎凉。但在怨天尤人的同时，你是否检查了自身的因素，特别是性格上的缺陷？你是否坚持了以热忱、开朗的态度待人？为什么有的人朋友特多、人缘特好，而充分享有了人情的温暖、和谐的人际关系？为什么有的人就比较孤独寂寞、到处碰壁呢？这里有性格的原因。你待人接物、处世为人要热忱、开朗、敞开心扉、坦诚相见。在高速发展的现代社会，完成一项工作最讲究的是效率。你的性格过分内向，就会妨碍和他人的正常交往，并给工作带来许多不利。比如说，两个人在一起交流思想，如果一方说话时保留的成分很多，那么，另一方就不能对他有很好的了解，因而就会给今后的相互协作带来困难。人们在性格上要追求和时代相适应的"开放美"，敞开心扉，坦诚相见，不要使自己城府太深，人为地造成人与人之间的隔膜，削弱人与人之间感情联系的纽带。没有良好的人际关系，没有好人缘，何谈双赢人生，只能双输人生，或你总是输，别人总在赢！

激发别人更高尚的动机

摩根在他的一篇短文中曾说过，人做一件事通常有两种理由：一种是好听的，一种是真实的。

真实的理由，你不必去注重，因为每个人心中都是理想家，喜欢好听的动机。所以，要改变人，就要激发更高尚的动机。

有一位不满意的房客威胁劳莱尔先生要退房。这房客的租约还有 4 个月未满，每月租金为 55 元。尽管如此，他还是执意退房，不理会契约。

"这个人曾在我的屋子里住了整整的一个冬季，而冬季是一年中消费最大的部分，"劳莱尔先生在公司中讲述这件事经过的时候说，"而且我知道在秋季以前，难以再将这公寓租出去了。眼看着 220 元飞过山去，我真发急了。"

"如在从前，我就会跑到那个房客那里，告诉他把契约再读一遍。我要指出，如果他迁出，所有应付的租金都要立刻付清，并且我要立刻收款。

"可是，我没有发作把事弄大，我决意试用别的手段。所以我这样开始：'某先生，我已经听了你的话，但我还不相信你有意迁居。多年出租生意中已教给我许多关于人性的事，我相信你是一个有信用的人。实际上，你的确是那样，我情愿打赌。现在，我的提议是这样，将你的决定放在桌上搁置数日，重新想一想。如果你于下月一号房租到期以前到我这里来告诉我，你还有意迁居，我允许你。我愿意接受你的意见，给你迁居的权利，而自认我的判断错误。但我宁愿相信你是一个有信用的人，一定会遵守合同。因为我们到底是人而不是猴子，选择不仅仅是考虑我们自己！'

"当下一个月来到，这位先生亲自来付房租。他说他和他的妻子商量过，决定住下去。他们的结论是：唯一光荣的是履行契约。"

诺斯克立大爵士发现一份报纸用了他所不愿意刊登的一幅相片后，他写了一封信给编辑。他没有说："请不要再刊登我那张相片，我不喜欢它"？没有，他激发了对方一种更高尚的动机。他激发我们每个人对于母性都有的敬爱。他婉转地写道："请不要再刊登我那张相片，我的母亲不喜欢它。"

当小洛克菲勒要摄影记者停止为他的孩子摄影时，他激发他们更高尚的动机。他并没有说："我不想刊登他们的相片。"而是激发深藏在他们心中的不要伤害儿童的欲望。他说："诸位，你们都明白，你们也有孩子的。而你们知道，对孩子宣传太多是不好的。"

《星期六夜报》与《妇女家庭》杂志的主人克蒂斯刚开始创业时，他不能给作者付别的杂志所付的价格，他不能雇用头等的作家写作。所以他激发他们的更高尚动机，例如：他甚至劝《小妇人》的不朽作者亚尔各德在她声望最高的时候为他撰述。他用的方法是送一张 100 元的支票。但并不是给她，而是给她所喜欢的慈善事业。

只需换一种思维方式，力争的好结果就全部圆满地取得了。

在痛苦中超越自己

人的一生中，不如意的事要比如意的事多得多，假如事事尽如人意，那就是一种美丽的传说了。

噩梦的发生也都是在不知不觉中。失业、破产、离婚、车祸、得了绝症、亲人过世……只要活着一天，这些痛苦总是一样接着一样，在我们身边来来去去。

一个人的平静生活突然被掀起波澜，痛苦足以消耗他的心智，磨损他的意志。他咒骂着："我这么努力干吗？所有的事都不合理，都不公平，为什么老天要这样对我！"他几乎相信，已经没有什么值得努力的目标，根本找不到任何活下去的意义。

当你在人生的赌局中，手握着由命运发下来的坏牌，你会紧张得不知如何玩下去。可是，你有没有想过，你其实可以换牌啊！悲剧在所难免，但并不表示你就非得被它打垮，从此与幸福绝缘；你能不能转祸为福，从逆境中重新站起来。

意大利的心理学家曾经做过研究，对象是一群因为意外事故而导致半身不遂的病人。他们都是年纪轻轻，但却丧失了运用肢体的能力，可以说命运对他们不公平。不过，绝大多数的患者却一致表示，那场意外也是他们这一生中最具启发性的转折点。

调查中有一名叫做鲁奥吉的青年，他在 20 岁那年骑摩托车出事，腰部以下全部瘫痪。鲁奥吉在事后回忆说："瘫痪使我重生，过去我做的所有事都必须从头学习，就像穿衣、吃饭，这些都是锻炼，需要专注、意志力和耐心。"

鲁奥吉以积极面对人生的态度声称，以前自己不过是个浑浑噩噩的加油站工人，整天无所事事，对人生没什么目标。车祸以后，他经历的乐趣反而更多，去念了大学，并拿到语言学学位，还替人做税务顾问，同时也是射箭与钓鱼的高手。他强调，如今"学习"与"工作"是令他最快乐的两件事。

的确，生命中收获最多的阶段，往往就是最难挨、最痛苦的时候，因为它迫使你重新检视反省，替你打开了内心世界，带来更清晰、更明确的方向。

要想命运尽在掌控之中是件非常困难的事，但日积月累之后，经验能帮助你汇集出一股力量，让你愈来愈能在人生赌局中进出自如。很多灾难在时过境迁之后回头看它，会发现它并没有当初那么糟糕，这就是人生的成熟与锻炼。

这是基督圣歌中"奇迹的教诲"中的一句歌词："所有的锻炼不过是再次呈现，我们还没学会的功课。"学着与痛苦共舞，才能看清造成痛苦来源的本质，明白内在真相。更重要的是，让你学到了该学的功课。

山中鹿之助是日本战国时代有名的豪杰，据说他时常向神明祈祷："请赐给我七难八苦。"很多人对此都很不理解，就去请教他。鹿之助回答说："一个人的心志和力量，必须在经历过许多挫折后才会显现出来。所以我希望能借各种困难险厄，来锻炼自己。"而且他还做了一首短歌，大意如下："令人忧烦的事情，总是堆积如山，我愿尽可能地去接受考验。"

一般人对神明祈祷的内容都有所不同，一般而言，不外乎是利益方面。有人祈祷更幸福，有人祈祷身体健康，甚或赚大钱，却没有人会祈求神明赐予更多的困难和劳苦。因此当时的人对于鹿之助这种祈求七难八苦的行为，不给予理解，是很自然的现象，但鹿之助依然这样祈祷。他的用意是想通过种种困难来考验自己，其中也有借七难八苦来勉励自己的用意。

鹿之助的主君尼子氏为毛利氏所灭，因此他立志消灭毛利氏，替主君报仇。但当时毛利氏的势力正如日中天，尼子氏的遗臣中胆敢和毛利氏对敌的，可说少之又少，许多人一想到这是毫无希望的战斗，就心灰意冷。可是，鹿之助还是不时勉励自己，鼓舞自己的勇气。或许就是因为这个缘故，他才会向神祈祷赐予七难八苦。

一般被喻为英雄豪杰的人，他们的心志并不见得强韧得像钢铁一样。许多伟人也有过一段内心黑暗的时期，甚至有的曾因觉得前途无望，而想自杀。在古巴危机发生时，美国肯尼迪总统在大胆的下决定之前，据说也是紧张而苦恼的。

再大的痛苦都会过去，超越了它，你便也在痛苦中超越了自己。

失败真的会成为机会

谁都不喜欢失败，因为，失败甚至让你的人生受到重创。不过，一生平顺，没遇到失败的人，恐怕是少之又少。

几乎所有人都存在谈败色变的心理。然而，若从不同的角度来看，失败其实是一种必要的过程，而且也是一种必要的投资。数学家习惯称失败为"或然率"，科学家则称之为"实验"，如果没有前面一次又一次的"失败"，哪里有后面所谓的"成功"？

从企业经营的立场来看，绝大多数的老板都喜欢成功，然而，全世界著名的快递公司 DIL 创办人之一李奇先生，却对曾经有过失败经历的员工情有独钟。

每次李奇在面试即将走进公司的人时，必定会先问对方过去是否有过失败的例子，如果对方回答"不曾失败过"，李奇直觉认为对方不是在说谎，就是不愿意冒险尝试挑战。李奇说："失败是不可避免的，而且我深信它是成功的一部分，有很多的成功都是由于失败的累积而产生的。"

李奇深信，人不犯点错，就永远不会有机会，从错误中学到的东西，远比在成功中学到的多得多。

另一家被誉为全美最有革新精神的 3M 公司，也非常赞成并鼓励员工冒险，只要有任何新的创意都可以尝试，即使在尝试后失败——每次失败的发生率是 60%，3M 公司仍视此为员工不断尝试与学习的最佳机会。

3M 坚持的理由很简单，失败可以帮助人再思考、再判断与重新修正计划，而且经验显示，通常重新检讨过的意见会比原来的更好。

美国人做过一个有趣的调查，发现在所有企业家中平均有三次的破产记录。即使是世界顶尖的一流选手，失败的次数毫不比成功的次数"逊色"。例如，著名的全垒打王贝比路斯，同时也是被三振最多的纪录保持人。

其实，失败并不可耻，不失败才是反常，重要的是面对失败的态度：是能反败为胜，还是就此一蹶不振。杰出的企业领导者，决不会因为失败而怀忧丧志，而是回过头来分析、检讨、改正，并从中发掘重生的契机。

宾州州立大学教授马宏尼是一名专职研究运动选手的心理学家。他曾以一群奥运体操选手为研究对象，发现那些成绩出色的运动员普遍具有两项特点：一是，从不抱完美主义；二是，对过去的失误从不放在心上，只专注于未来的挑战。

有一句话说得很有意思："最大的失败，就是永不失败。"不愿面对失败与不肯承认失败同样糟糕，其实，若能把失败当成人生必修的功课，你会发现，大部分的失败都会给你带来一些意想不到的好处呢！

西村金助原是一个身无分文的穷光蛋，但是他从没对自己有一天能成为富翁产生过怀疑。他顽强进取，处处留心，做生活的有心人，做致富的有心人。他的这种积极的心态帮助了他。面对现状他不沮丧、不气馁，而是力求向上，力求改变现状，这种心态终于使他成功。

西村先借钱办了一个制造玩具的小沙漏厂。沙漏是一种古董玩具，它在时钟未发明前用来测算每日的时辰。时钟问世后，沙漏已完成它的历史使命，而西村金助却把它作为一种古董来生产销售。

沙漏当时的市场已经很小了，而它所面对的买主——孩子们也逐渐对它失去了兴趣。因而，销售量逐渐由多到少。但西村金助一时找不到其他比较适合的工作，只能继续干他的老本行。沙漏的需求越来越少，西村金助最后只得停产。但他并不气馁，他完全相信自己能够战胜眼前的困难。于是他决定先好好休息和轻松一下。他每天都找些乐趣，看看棒球赛，读读书，听听音乐，或者领着妻子孩子外出旅游。但他的头脑一刻也没有停止开拓的思考。机会终于来了。一天，西村翻看一本讲赛马的书，书上说，"马匹在现代社会里失去了它运输的功能，但是又以高娱乐价值的面目出现"。在这不引人注目的两行字里，西村好像听到了上帝的声音，高兴地跳了起来。他想："赛马骑用的马匹比运货的马匹值钱。是啊！我应该找出沙漏的新用途！"

机会总是偏爱有准备的头脑。西村金助精神重新振奋起来，把心思又全都放到他的沙漏上。经过几天苦苦的思索，一个构思浮现在西村的脑海，做个限时3分钟的沙漏，在3分钟内，沙漏里的沙子就会完全落到下面来。把它装在电话机旁，这样打长途电话时就不会超过3分钟，电话费就可以有效地控制了。

制作沙漏，对于西村而言，早已是轻车熟路。这个东西设计上非常简单，把沙漏的两端嵌上一个精致的小木板，再接上一条铜链，然后用螺丝钉钉在电话机旁就行了。不打电话时还可以作装饰品，看它点点滴滴落下来，虽是微不足道的小玩意，却能调剂一下现代人紧张的生活。

除了极少数的富翁，谁不想控制自己的电话费呢？而西村金助的新沙漏可以有效地控制通话时间，售价又非常便宜，因此一卜市，销路就很不错，平均每个月能售出3万个。这项创新使原本没有前途的沙漏转瞬间成为对生活有益的用品，销量成千倍地增加，面临倒闭的小作坊很快变成一个大企业。西村金助也从一个小业主摇身一变，成了腰缠亿贯的富豪。西村金助成功了，赚了大钱，而且是轻轻松松，没费多大力气。如果我们说西村这次大的成功机会源于他前面的失败，恐怕没人会反对。

但是机会即使不请自来，也会来到不怕失败，能及时从失败中积累经验的人面前。查理·华德就是以30年的失败人生加上突如其来的求成之念而找到了人生的转机。

查理·华德出身贫寒。他在读小学时，曾在西雅图滨水区靠卖报和擦皮鞋来养家糊口。17岁高中毕业后，他就离开了家，加入了流动工人大军中。

每一个人聚集的圈子里，精英总是少数，而查理的同伴更是些自甘堕落者。他赌博，同下等人——所谓"边缘人物"——混在一起，军事冒险者、逃亡者、走私犯、盗窃犯等等一类人都成了他的同伴。他参加了墨西哥潘穹·维拉的武装组织。"你不接近那些人，你就不会参与那些非法活动，"查理·华德说，"我的错误就是同这些不良的伙伴搞在一起。我的主要罪恶就是同坏人纠缠在一起。"

他时常在赌博中赢得大量的钱，然后又输得精光。最后，他因走私麻醉药物而被捕，受到审判并被判了刑。

查理·华德进入莱文沃斯监狱时 34 岁。以前尽管他和坏人在一起，但从未因此而入狱。他遭受到磨难，他声言任何监狱都无法牢牢地关住他，他寻找机会越狱。

但此时发生了一个转变，这一转变使查理把消极的心态改变为积极的心态。在他的内心中，有某种东西嘱咐他，要停止敌对行动，变成这所监狱中最好的囚犯。查理·华德的思想从消极到积极的转变，使他开始掌握自己的命运。

他抛弃了玩世不恭的生活态度，不再憎恨给他判刑的法官。他决心避免将来重犯这种罪恶。他环视四周，寻找各种方法，以便在狱中尽可能地过得愉快些。

他的行为由于态度的转变而有所不同，因而博取了狱吏的好感。由于他的改变，机会再次光临了他。一天，一个刑事书记告诉他，一个原先在电力厂工作的受优待的囚犯将要获释。查理·华德对电懂得不多，但监狱图书馆藏有关于电的书籍，他几乎查阅遍了。在那些懂得电学的囚犯的帮助下，查理掌握了这门知识。

不久，查理申请在狱中工作，他的举止态度和言谈语调都给副监狱长留下了深刻的印象，博得了他的好感，他得到了工作。

查理·华德继续用积极的心态从事学习和工作，他成了监狱电力厂的主管，领导着150个人。他鼓励他们把自己的境遇改进到最佳的地步。

查理的转变更深深表现在他的思想上。他手下有一名囚犯叫比基罗，服刑之前是圣保罗市一家企业的老板。查理·华德对他很友好。实际上，查理已越出了自己的处世范围，他激励比基罗设法适应自己的环境。比基罗先生十分看重查理的友谊和帮助，他在刑期即将届满时告诉查理："你对我十分关心，你出狱时，请到圣保罗市来，我们将给你安排工作。"

查理获释出狱后，就来到了圣保罗市。比基罗先生如约给查理安排了工作，周薪为25美元。查理在两个月之内就成了工头。一年后，他成了一个主管。最后，查理当了副董事长和总经理。比基罗先生逝世后，查理成了公司的董事长。他担任这个职务直到逝世为止。

在查理的管理下，布朗比基罗公司每年销售额由不足300万美元上升到5000万元美元以上，成了同类公司中最大的公司。

有一位住在佛罗里达州的快乐的人，他具有化不利为有利的智慧。当他买下农田时，他心情十分低落。土地贫瘠得既不适合种植果树，甚至连养猪也不适宜。除了一些灌木与响尾蛇之外，什么也活不了。后来他忽然有了主意，他决定将负债转为资产，他要利用这些响尾蛇。于是不顾大家的惊异，他开始生产响尾蛇肉罐头。几年后，每年有平均2万名观光游客到他的响尾蛇庄园来参观。他的生意好极了。实验室制作血清、蛇皮以高价售出。

你把失败当机会，失败也就远离了你。

超越褊狭心理

对那种不能容忍、脾性褊狭的最好修正便是增加智慧和丰富生活经验。拥有良好的修养往往使你摆脱那些无谓的纠缠。那些不能容人、脾性褊狭的人很容易便卷入到这些无谓的纠缠中。那些具有宽厚性格的人其性格的宽厚程度与其实际智慧成正比，他们总是能考虑别人的缺点和不利条件而原谅他们——考虑别人在性格形成过程中环境因素的控制力量，考虑别人不能抵制诱惑而犯错的情形。

如果我们不能原谅和容忍别人，不能宽厚待人，人们也会以同样的态度对待我们。

大学问家法拉第曾和他的朋友廷德尔教授在信中交流他的心得体会，下面便是他令人钦佩的建议，这些建议充满了智慧，也是他丰富人生经验的总结。法拉第说："请允许我这位老人，这时，我应该说从人生经历中获益匪浅，谈谈我的心灵感悟。年轻时，我发现我经常误会了别人的意思，很多时候，人们所表达的意思并非我想当然的那种意思。而且，更重要的是，通常，对那种话中带刺的话装聋作哑要比寻根究底好，相反，对那种亲切友好的话语仔细品味要比权当耳边风要好。真相终归会大白于天下。那些反对派，如果他们本身错误的话，用克制答复他们远比以势压人更容易使他们信服。我想要说的是，对党派偏见视而不见更好，对好心好意则应该目光敏锐。一个人如果努力与人和睦相处，那他一生中就会获得更多的幸福。你肯定不能想象出，我遭人反对时，我私下也经常恼怒不已，因为我不能正确地思考，因为我总是目空一切；但是，我总是努力地，我也希望能成功地克制自己与别人针尖对麦芒地针锋相对；我也知道我从未为此受到过什么损失。"

日本战国时代，上山千信和武田信玄是死对头，他们在川岛会战之后，又打了好几次激烈的仗。有一天，一向供应食盐给信玄的今川氏和北条氏两个部落，都和信玄起了冲突，因此中止了食盐的供应。而信玄的属地申州和信州又都是离海很远的内陆，不生产食盐，因此使这两州的人民都陷入了无盐的困境。

千信听到这个消息后，马上写信给信玄说："现在今川氏和北条氏都中止了食盐的供应，使你陷入困境，我不愿趁火打劫，因为那是武将最卑鄙的做法。我还是希望在战场上和你分个胜败，所以食盐的问题，我来帮你解决。"而千信也果然遵守诺言，请人运送大批的食盐到申州和信州，替信玄解决了问题。所以信玄以及两州的人民都很感激千信。

千信是当时最剽悍善战的武将。每次战争都可以说是惊天动地，但是他又非常讲义气。从这个故事中我们可以知道，千信实在是一位具有深厚同情心的人。也正因他的武功高强，为人光明磊落，重义气而富同情心，所以受到后人的敬仰。

常人的心理都会为敌人陷入困境而幸灾乐祸；同时也会觉得，可利用这种难得的机会打败敌人。可是千信并不这么想，虽然他和信玄是死对头，又不断交战，但目的只是在争个高低，而不是要陷百姓于困境。

所以千信认为，虽然两国正在战争，但面对敌人因为没有食盐而陷入困境时，理应先设法拯救，至于争夺胜负，那是战场上的事。千信有这种气度，正是他伟大的地方。

在这世界上，竞争是免不了的，对立有时也是必要的。但是，过于褊狭的心理会让我们自动与快乐为仇。

第三章
方法对头结果自然不一样

　　有求突破的愿望是一回事，能否成功又是另一回事。急于求成会把好事办砸，不分"病症"乱投医也只能是加重"病情"。做事情要用对方法，讲求张弛有度、进退有序，这样才能得到一个自己满意的结果。

要努力寻求别人的帮助

　　人们常说："多个朋友多条路"，意思是朋友多了，自然会路路畅通。其实这种仅仅从人际交往的角度来说明朋友作用的见解，还并不全面。朋友作为与自己协同作战的伙伴和帮手，如果能与他们真正团结并配合好，实际上也就相当于自己多了几只手，同时也多了几件得心应手的兵器。因此而言，注意为自己多找几个可靠的帮手并肩战斗，将使我们出击进攻的效果得到非常明显的提高。

举世知名的成功学大师卡耐基，他之所以能以一个出身寒微的穷小子，猎取到常人难以得到的成功——天下称誉的名声和难以计数的资产，关键就在于他善于与志同道合的友人合作，相互帮助，使自己于无形之中仿佛又多添了几件兵器，从而使自己对于外界的出击力度比平常人要超出几倍。

卡耐基和他的挚友之一赫蒙·克洛依都是从玛丽维尔走向纽约的。但赫蒙·克洛依似乎更幸运些，他在《圣约瑟夫报》以及《圣路易斯快报》担任记者之后，他找到了一个最适合他的职位——巴特瑞克出版社杂志编辑的助理。

最初，他们两人并没有什么交往，在一次偶然的度假中，卡耐基遇上了克洛依，两人交谈起来，讲述了各自在纽约的奋斗历程。

卡耐基在和克洛依的一系列交往中，逐步建立起了深厚的友谊，成为一生的挚友，直到卡耐基逝世，克洛依还给他家以很大的帮助。

两人都有共同的兴趣爱好，喜欢旅游，而且还经常一同出去游泳。在一次游泳中，克洛依问卡耐基："亲爱的戴尔，为什么不尝试写作呢？"

"我正在积极地准备。"卡耐基兴奋地回答。

从此，卡耐基提起了笔，下定决心进行创作，在卡耐基一生的畅销书创作中，克洛依的帮助功不可没。

卡耐基对克洛依在他成功道路上起的作用，非常感谢，为此，他特意在《影响力的本质》一书的扉页上写了一段话赠给克洛依，他写道："让我以最高的名誉把此书献给我最尊敬、最重要、最诚实的朋友。"

卡耐基的另一位挚友法兰格·贝克尔曾是卡耐基的学生，他们的友谊是在卡耐基培训班上开始的。

贝克尔也是在贫困中长大，父亲在他年幼时就去世了，家庭从此陷入困境。为了维持生计，贝克尔很小就开始当报童，稍微长大一些后便去开蒸汽炉挣钱来帮助母亲，后来他成为一名棒球手而使他进入了灿烂的人生舞台。可是，后来他在球场上受了伤，不得不从球场上退下来。在这之后转向销售，但他很快发现，自己很难取得预想的成功。于是他加入了卡耐基培训班。他在课堂上的表现使卡耐基对自己的理论充满了信心。

与此同时，对于卡耐基来说，贝克尔简直就是一位明星学生。因为他从卡耐基课程毕业后，其事业蒸蒸日上，为了表示对卡耐基课程的支持，他特别希望能帮助那些处于贫困或者事业无法拓展的人们。一天，贝克尔应邀前往卡耐基家中做客，喝了一杯酒后，卡耐基说："我们的事业现在越来越大了。法兰格，你既是我成功的典范，也是我事业的支持者啊！"

在这之后，他们合作开展了一项洲际演说的活动，并且获得了空前的成功，在每个州的演说中，会堂都坐得满满的，大家都争先恐后地去听卡耐基和贝克尔的讲演。

每次讲演后，听众们总是渴望与卡耐基进行直接的交流，而有些则非常崇拜贝克尔，因为他是从一无所有到百万财产的成功典型。

贝克尔后来也写过一本书，名叫《我如何在行销中反败为胜》，便是叙述自己是如何将卡耐基课程的内容运用到自己的行销业务上去，并加以革新而取得胜利的。通过这位全美最佳行销人员的大力推荐，确实有助于卡耐基的教学发展，而且从贝克尔的见地中，卡耐基也学到了很多新的知识。

1916 年，卡耐基在学员们的帮助下，在自己的会馆里常设了办公室，学员人数也随之稳步增长。其中有一名慕名而来的，正是普林斯顿大学演说系的年轻教师罗威尔·汤姆斯，他们的相识完全出于偶然。

汤姆斯在普林斯顿大学时，为了赚取一些零用钱，接受了普林斯顿一带的地方俱乐部及社区的邀请，解说自己去年夏天访问阿拉斯加的情况报告。汤姆斯为了完成任务，为即将来临的讲演做准备，决定去纽约拜访卡耐基。

他们两人合作并取得了轰动性效应，从此以后，卡耐基和汤姆斯成为好朋友。

由于他们的友谊出现在两个人事业的低谷阶段，因此可以说是患难之交。而后来汤姆斯也靠自己的盛名为卡耐基销售他的书籍。

"一战"时期，卡耐基服了 18 个月的兵役，在他回来后，报名参加他的培训班的人已经很少，因为大家都在忙着寻找工作，领取救济金。

尽管战后的情形并不令人满意，但卡耐基心中的那个事业依然存在着。

有一天，卡耐基接到了罗威尔·汤姆斯从伦敦发来的电报，说想和卡耐基再次合作。1919 年汤姆斯返回纽约市时，带回了许多战时在中东旅游和历险的照片，他希望卡耐基能帮他准备一些相关的文稿，他雄心勃勃地想以一种兴奋、乐观、激动的第一手资料表达方式，发表题为"与爱拜斯在巴勒斯坦及阿拉伯的劳伦斯"的演说，这一构想成功的希望相当大。

接到电报后，卡耐基略做准备，便匆匆地收拾行装奔赴伦敦。

终于，功夫不负有心人，首场演讲获得了轰动性的成功，伦敦的新闻界整天都对此进行报道。

这是卡耐基演讲中一次新的尝试，他心甘情愿地做朋友的助手，帮助朋友的事业取得成功。

汤姆斯为卡耐基的《影响力的本质》第一版撰写绪论，他的签名也常在戴尔·卡耐基的广告上出现。而卡耐基还经常去汤姆斯家做客，汤姆斯的孩子都记得有一位友善、愉悦、一头灰发和戴着淡色镜框眼镜的慈祥长者，常来他家与他父亲亲切交谈。

他就是戴尔·卡耐基。

卡耐基对友谊的感受是非常深刻的，而他对增进友谊也是全身心地投入的。

如果一个人孤独地在社会上生活，身边没有一个能够信赖的朋友做帮手，他的事业是肯定不会成功的。

卡耐基的事业的成功固然与他自己的艰苦奋斗分不开，但是如果没有这些挚友的支持和帮助，他的成功也难以如此辉煌。

"第二战略"不失为明智之举

你也许觉得奇怪，我们不主张让人去夺第一，这不是叫人失去进取之心吗？在竞争如此激烈的现代社会，应该人人去争"第一"才是呀！不错！是得非去争不可！但问题是"第一"只有一个，而且争"第一"时还得看争的代价，争得不好，恐怕连什么都保不住，也别说做第二了！

有一位工商界的老板，他从事电脑业。这位老板给自己的企业定位就另有一论——采取"第二战略"。因为他认为，当"第一"不容易，不论是产品的研究开发、行销，还是人员、设备等，都要比别人强，为了怕被别的公司赶超，又得不断地扩充、投资。换句话说，做了"第一"以后要花很多的内力来维持"第一"的地位！因为提到某一行业，人人都会拿"第一"去做对手，并拼命赶超。这样未免太辛苦了，而且一不小心，不但第一当不成，甚至连想当第二都不可能了。

这位老板的想法也许并不合理，当"第一"也不一定会很辛苦，当第二或第三就轻轻松松了。这只是他个人的一种观念而已。但结合现实细想一下，其中也不乏实在的道理，我们不妨借鉴。

从另一个角度来讲，比如自身实力不足或时机不成熟，虽然出手是必须的，但此时也大可不必非去打头阵。真正深谙进击之道的人，他会耐心地攥着拳头等待最佳的出手机会。

当年在美国宾夕法尼亚州发现石油以后，成千上万的人像当初采金热潮一样拥向采油区。一时间，宾夕法尼亚土地上井架林立，原油产量飞速上升。

克利夫兰的商人们对这一新行当也怦然心动，他们推选年轻有为的经纪商洛克菲勒去宾州原油产地亲自调查一下，以便获得直接而可靠的信息。

经过几日的长途跋涉，洛克菲勒来到产油地，眼前的一切令他触目惊心：到处是高耸的井架、凌乱简陋的小木屋、怪模怪样的挖井设备和储油罐，一片乌烟瘴气，混乱不堪。这种状况令洛克菲勒多少有些沮丧，透过表面的"繁荣"景象，他看到了盲目开采背后潜在的危机。

冷静的洛克菲勒没有急于回去向克利夫兰的商界汇报调查结果，而是在产油地的美利坚饭店住了下来，进一步做实地考察。他每天都看报纸上的市场行情，静静地倾听焦躁而又喋喋不休的石油商人的叙述，认真地做详细的笔记。而他自己则惜字如金，绝不透露什么想法。

经过一段时间考察，他回到了克利夫兰。他建议商人不要在原油生产上投资，因为那里的油井已有72座，日产1135桶，而石油需求有限，油市的行情必定下跌，这是盲目开采的必然结果。

果然，不出洛克菲勒所料，"打先锋的赚不到钱。"由于疯狂地钻油，导致油价一跌再跌，每桶原油从当初的20美元暴跌到只有10美分。那些钻油先锋一个个败下阵来。

3年后，原油一再暴跌之时，洛克菲勒却认为投资石油的时候到了，这大大出乎一般人的意料。他与克拉克共同投资4000美元，与一个在炼油厂工作的英国人安德鲁斯合伙开设了一家炼油厂。安德鲁斯采用一种新技术提炼煤油，使安德鲁斯—克拉克公司迅速发展。

这时，洛克菲勒尽管才20出头，但做生意已颇为老练。他欣赏那些得冠军的马拉松选手的策略，即让别人打头阵，瞅准时机给他一个出其不意，后来居上才最明智。他在耐心等待，冷静观察一段时间后，这才决定放手大干。要论最辉煌的成功者，当然要数洛克菲勒。

因此而言，现实生活中并非要去争个第一，耐心做一个会等待的高手，的确也有好处。例如：可以静观"第一"者如何构筑、巩固、维持其地位，他的成功与失败，都可作为你的经验和警戒；可趁此机会培养自己的实力，以迎接当"第一"的机会。如果你想当"第一"的话，一旦你觉得自己具备了这方面的实力，就可以趁机攀升。由于你志不在"第一"，所以做事就不会过于急切，造成得失心太重，也不会勉强自己去做力所不及的事情，这样反而能保全自己，降低失败的概率。

因此，不管是在平常做人，还是经营自己的事业，从第二、第三甚至最低处做起都没关系，并不一定非得想着去做第一！如能稳稳当当地做个第二，一旦主客观条件形成，自然也就成为第一了，这时候的第一，才是真正的第一！

"花样儿"有时并不是可有可无的

古代时军队出征打仗，在布阵时，一般都要讲究"军容"：旌旗鲜艳翻飞，刀枪锃亮如林，只待战鼓擂响，壮起军威，便一鼓作气，将敌人打得落花流水。

也许从整个打仗的过程来看，这一系列"花样儿"并不属于"进攻"的范围，充其量也只是一个准备工作，然而它所起的作用，却是不容小觑的。壮自己声势，灭敌人威风，这一道理在古代的兵法中受到了很高的重视。真正懂得进击之道的人，在任何行动中，都不会忽略这一程序。

三国时期，曹操领兵分八路进攻樊城，刘备弃城出走，曹操率大军紧追其后。

在千军万马中，赵子龙单骑救出幼主阿斗，直穿曹兵重围，砍倒曹军大旗两面，夺槊三条，前后枪刺剑砍，杀死曹营名将五十余员，离开大阵，往长坂桥而走。忽听后面又喊声大起，原来是曹将文聘引军赶来。赵云来到桥边，已是人困马乏。始见张飞挺矛立于桥上，赵云大呼："翼德快快救我！"

张飞高呼："子龙快走，追兵由我对付。"

原来，张飞为接应赵云，带领二十余骑，来到长坂桥。张飞见曹军成千上万的兵马杀将过来，他心生一计，命所有士兵到桥东的树林内砍下树枝，拴在马尾巴上，然后策马在树林内往来驰骋，冲起尘土，使人以为有重兵埋伏。而张飞则亲自横矛立马于桥上，向西而望。

曹将文聘带领大军追赵云到长坂桥，只见张飞倒竖虎须，圆睁环眼，手持蛇矛，立马桥上。又见桥东树林之后，尘土大起，疑有伏兵，便勒住马，不敢近前。不一会儿，曹仁、李典、张辽、许褚都来到长坂桥，见张飞怒目横矛，立马于桥上，都恐怕是诸葛亮用计，谁也不敢向前。只好扎住阵脚，一字儿摆在桥面，派人向后军飞报曹操。

曹操得到报告，赶紧催马由后军来到桥头。张飞站于桥上，隐隐约约见后军有青罗伞盖、仪仗旌旗来到，料到是曹操起了疑心，亲自来阵前查看。

张飞等得心急，大声喝道："我乃燕人张翼德，谁敢来与我决一死战！"声音犹如巨雷一般，吓得曹兵两腿发抖。

曹操赶紧命左右撤去伞盖，环视左右将领，说："我以前曾听关云长说过，张飞能于百万军中，取上将头颅如探囊取物。今天遇见，大家千万不可轻敌。"曹操话音刚落，张飞又圆睁双目大声喊起来："燕人张翼德在此，谁敢来决一死战！"

曹操见张飞如此气概，自己已是心虚，准备退军。

张飞看到曹操后军阵脚移动，又在桥上大声猛喝道："战又不战，退又不退，却是何故？"喊声未绝，曹操身边一员大将夏侯杰惊得胆肝碎裂，从马上栽到地下，身亡而死。曹操赶紧调转马头，回身便跑。于是，曹军众将一起往西奔逃而去。一时弃枪落盔者，不计其数，人如潮涌，马似山崩，自相践踏。

张飞见曹军一拥而退，不敢追赶，急忙唤回二十余骑士兵，解去马尾树枝，拆断长坂桥，回营交令去了。

一般人们只认为张飞是员猛将，勇有余而智不足，但在这里，他却能巧妙地运用壮声势的招法，击退了曹兵，确实值得赞赏。

《百战奇法·弱战》云："凡战，若敌众我寡，敌强我弱，须多设旌旗，倍增火灶，示强于敌，使彼莫能测我众寡、强弱之势，则敌必不轻与我战，我可速去，则全军远害。"这一观点有羊披狼皮之嫌，却也与临阵时擂响战鼓、擦亮长矛有异曲同工之妙。

"擂战鼓、擦长矛"这一兵法招数，在现代社会生活中同样也可以加以灵活运用，并且也可以收到很好的效果。

美国航空公司要在纽约建立一座大型的航空站，要求爱迪生电力公司按优惠价提供电源。电力公司觉得自己占了主动，因此在谈判中故作姿态，不予合作，还要挟抬高价钱。航空公司心生一计，主动中止谈判，然后故意向外界吹风，扬言航空公司要自己建设电厂，因为这样能够比依靠爱迪生电力公司供电更合算。电力公司得到这一假消息后，信以为真，担心会失去一次赚大钱的机会。于是改变态度，主动以优惠价格与航空公司达成了供电协议。

在生活中，我们常常可以见到一些看上去并不怎样的人，办事时却往往能顺利通达。其实，这在很大程度上只不过是因他们善于运用"张自己的声势"这一兵法而已。当然，运用这一招时也要注意有个度，否则，一旦"演"过了头，就有可能画虎不成反类犬，人人都看出你在吹牛，导致不但没戏唱，事也没法儿办了！

会走弯路的人才能最先到达终点

毫无疑问，在人生的征程中，大多数的人们都愿走直路，沐浴着和煦的微风，踏着轻快的步伐，踩着平坦的路面，这无疑是一种享受。相反，没有人乐意去走弯路，因为在一般人眼里，弯路曲折艰险而又浪费时间。然而，人生的征程中却总是弯路居多，山路弯弯，水路弯弯，人生之路亦弯弯，只会走直路的人，恐怕一遇上弯路就傻眼了，因此，要想猎取到真正的成功，每一个人都要学会绕道而行、曲线致赢。

学会绕道而行，迂回前进，适用于生活中的许多领域。比如当你用一种方法思考一个问题或从事一件事情，遇到思路被堵塞之时，不妨另用他法，换个角度去思索，换种方法去重做，也许你就会茅塞顿开，豁然开朗，有种"山重水复疑无路，柳暗花明又一村"的感觉。

在一次欧洲篮球锦标赛上，保加利亚队与捷克斯洛伐克队相遇。当比赛只剩下 8 秒钟时，保加利亚队以 2 分优势领先，一般说来已稳操胜券，但是，那次锦标赛采用的是循环制，保加利亚队必须赢球超过 5 分才能取胜。可要用仅剩下的 8 秒钟再赢 3 分又绝非易事。

这时，保加利亚队的教练突然请求暂停。当时许多人认为保加利亚队大势已去，被淘汰是不可避免的，该队教练即使有回天之力，也很难力挽狂澜。然而等到暂停结束比赛继续进行时，球场上出现了一件令众人意想不到的事情：只见保加利亚队拿球的队员突然运球向自家篮下跑去，并迅速起跳投篮，球应声入网。这时，全场观众目瞪口呆，而全场比赛结束的时间到了。但是，当裁判员宣布双方打成平局需要加时赛时，大家才恍然大悟。保加利亚队这一出人意料之举，为自己创造了一次起死回生的机会。加时赛的结果是保加利亚队赢了 6 分，如愿以偿地出线了。

如果保加利亚队坚持以常规打法打完全场比赛，是绝对无法获得真正的胜利的，而往自家篮下投球这一招，颇有迂回前进之妙。在一般情况下，按常规办事并不错，但是，当常规已经不适应变化了的新情况时，就应解放思想，打破常规，以奇招怪招来制胜。只有这样，才可能化腐朽为神奇，取得出人意料的胜利。

《孙子兵法》中说："军急之难者，以迂为直，以患为利。故迂其途，而诱之以利，后人发，先人至，此知迂直之计者也。"这段话的意思是说，军事战争中最难处理的是把迂回的弯路当成直路，把灾祸变成对自己有利的形势。也就是说，在与敌的争战中迂回绕路前进，往往可以在比敌方出发晚的情况下，先于敌方到达目标。

美国硅谷专业公司曾是一个只有几百人的小公司，面对竞争能力强大的半导体器材公司，显然不能在经营项目上一争高低。为此，硅谷专业公司的经理决定避开竞争对手的强项，并抓住当时美国"能源供应危机"中节油的这一信息，很快设计出"燃料控制"专用硅片，供汽车制造业使用。在短短5年里，该公司的年销售额就由200万美元增加到2000万美元，成本由每件25美元降到4美元。由此可见，虽然经商者寻求的是不断增加盈利，然而在激烈的竞争中每前进一步都会遇到困难，很少有投资者能直线发展，因此迂回发展也是大多数经商者所必须走的共同道路。

在日常生活和工作中，凡事不妨换个角度和思路多想想。世上没有绝对的直路，也没有绝对的弯路。关键是看你怎么走，怎么把弯路走成直路。有了绕道而行的技巧和本领，才能在每一次人生出击中避开非赢即败的"老规矩"从而顺利打通另一条成功的途径。

学会绕道而行，拨开层层云雾，便可见明媚阳光。也许你曾经奋斗过，也许你曾经追求过，但你认定的路上却红灯频频亮起。你焦急，你无奈，你恨天，你怨地，但为什么就不能绕道而行呢？

绕道而行，并不意味着你面对人生的红灯而退却，也并不意味着放弃，而是在审时度势。绕道而行，不仅是一种进击之道，更是一种豁达和乐观的生活态度。大路车多走小路，小路人多爬山坡，以豁达的心态面对生活，敢于和善于走自己的路，这样在人生的战场上，你将永远是一个出色的士兵，一个能够每次都拥抱胜利的成功者。

不要让无关紧要的事绊住手脚

我们在一些武侠影视里可以看到这样的高手，他们在与对手过招时，完全不用把刀剑拔出鞘来，而是直接就整体地与对手赤裸裸的刀锋剑刃打上了，而结果他们也往往能够漂亮地取胜。

这种境界，当然是一种只有极个别的非常人士才能达到。在现实中，我们在面对对手和问题时，显然不能为追求潇洒而带着"鞘"就去上阵拼杀，相反，还应想方设法地，尽可能干净利落地把"鞘"迅速甩掉，以使手中的兵器能更快更好地发挥威力。如果我们把"刀剑"看成是做人办事的能力和方法，那么，"鞘"自然就是一些不利于它的琐事俗务。从这个层面上来讲，摆脱各种俗务的纠缠，使自己轻装上阵，从而毫无羁绊地去进击目标，获取胜利，应该是一种我们所必须学会的人生兵法。

德国诗人歌德曾说过这样一句话：重要之事决不可受芝麻绿豆小事牵绊。根据一般的做事规律，我们应将所要面对的事务依据其急迫性与重要性分为四类。

第一类：重要、紧急

①危机

②急迫的问题

③有期限压力的计划

第二类：重要、不紧急

①防患于未然

②改进产能

③发掘新机会

④规划、休闲

第三类：不重要、紧急

①不速之客

②某些电话

③某些信件与报告

④某些会议

⑤必要而不重要的问题

⑥受欢迎的活动

第四类：不重要、不紧急

①烦琐的工作

②某些信件

③某些电话

④浪费时间的事

一般来说，重要性与目标有关，凡有价值、有利于实现个人目标的就是要事。一般人往往对燃眉之急立即反应，对当务之急却不尽然，所以更需要自制力与主动精神，急所当急。

如此说来，第一类既急迫又重要的事务，是人生在世无法避免的。如果我们是一个危机处理专家或有截稿压力的文字工作者，更是经常与之为伍。当然也应当注意到，如果只专注于这类活动，终有被问题淹没的一天。我们唯一的逃避之道，便是做些无关紧要的活动（第四类），至于急迫而不重要或重要而不紧迫的事便被抛到脑后，这应该也是一种缓"敌"之计。有人把大部分时间，浪费在急迫但不重要（第三类）的事务上，误以为愈急迫就愈重要。其实，急迫之事往往对别人而非对自己很重要。

只重视第三、四类事务的人，往往会拥有一种没有意义的人生。懂得舍弃这两类无关紧要之事，对第一类要务也尽量节制，以投注更多时间于重要但眼前尚不急迫之事（第二类），才应当是一种正确的人生布阵兵法。

第二类事务包括建立人际关系、撰写使命宣言、规划长期目标、防患于未然等等。人人都知道这些事很重要，却因尚未迫在眉睫，反而避重就轻。

相反地，真正有效能的人，会急所当急、不轻易放过机会并防患于未然。尽管也会有燃眉之急，但他总是设法将其降至最低。

因此，不论我们的身份是什么，大学生、生产线上的工人也好，家庭主妇或企业负责人也好，只要能确定自己的第二类要务，而且即知即行，一样可以事半功倍。用时间管理的行话说，这叫做柏拉图原则——以 20% 的活动取得 80% 的成果。

决断要先估量胜算几何

《孙子兵法》中说："多算胜，少算不胜，由此观之，胜负见矣。"这里的"算"从某种意义上我们可以理解为是"胜算"，也就是取胜的把握。胜算较大的一方多半会获胜，而胜算较小的一方则难免见负。又何况是毫无胜算的战争更不可能获胜了。

战术要依情势的变化而定，整个战争的大局，必须要有事先充分的计划，战前的胜算多，才会获胜，胜算小则不易胜利，这是显而易见的道理。如果没有胜算就与敌人作战，那简直是失策。因此，若居于劣势，则不妨先行撤退，待敌人有可乘之机时再作打算。无视对手的实力，强行进攻，无异于自取灭亡。

《孙子兵法》在此处所表达的意思是，凡事不要太过乐观，一旦大意轻敌，将陷入无法收拾的可悲境地。这个道理在中外历史上屡屡应验。如日本在第二次世界大战时偷袭珍珠港，美军毫无防备，结果太平洋舰队几乎全军覆没。而日本当时胜算可谓极小，却仍然不顾一切地发动战争，其后果当然可想而知了。日本人自古以来便以此种冒险式的"玉碎战法"而自我炫耀。

这种倾向在其现代企业经营策略之中亦极明显。的确，从某个角度来看，这种积极果敢的经营形态是造就日本经济繁荣的因素之一，但是这种做法虽然适用于基础的建立，却难以持续发展下去，没有把握的战争不可能一直侥幸获胜，终究会碰到难以克服的障碍。因此，当我们要开创事业，或者拓展业务时，最好还是有制胜的把握再动手。

在任何时代任何国家，有资格被尊为"名将"的人，都有个大原则，即不勉强应战，或者发动毫无胜算的战争。如三国时的曹操便是一例。他的作战方式被誉为"军无幸胜"。所谓的幸胜便是侥幸获胜，即依赖敌人的疏忽而获胜。实际上，曹操的战略方针确实有相当的胜算，他依照作战计划一步一步地进行，稳稳当当地获取胜利。

中国历史上的诸葛亮和世界历史上的凯撒大帝等人，均是因善于运筹帷幄，才建立了不朽的功勋。

虽说把握胜算，然而经济活动是人与人之间的战争，所以不可能有完全的胜算。因为其中包含着许多人为的因素，诸如情感因素在内，无法确实地掌握。不过，至少要有七成以上的胜算，才可进行计划。

而要做到有把握，就必须知彼知己。孙子说："不知彼而知己，一胜一负；不知彼，不知己，每战必殆。"这句话虽然很容易理解，实际做起来却颇难。处于现代社会中的人，均应以此话来时时提醒自己，无论做何种事均应做好事前的调查工作，确实客观地认清双方的具体情况，才能获胜。

人生有时候还是需要运用"不败"的战术来稳固现况。就像打球一样，即使我方遥遥领先，仍需奋力前进，掌握得分的机会。荀子说："无急胜而忘败。"即在胜利的时候，别忘了失败的滋味。有的人在胜利的情况下得意忘形，麻痹大意，结果铸成意想不到的过错。须知"祸兮福之所倚，福兮祸之所伏"，在任何情况下，都要预先设想万一失败的情况，事先准备好应对之策。拿企业经营来讲，一个企业在从事经营时，必须事先做最坏的打算，拟好对策，务必使损失减至最低限度。如此一来，即使失败了也不会有致命的伤害，这一点至关重要。就个人来讲，如果有了心理上的准备，情绪上就会放松，遇到问题也会从容不迫地解决。

想得深才能走得远

"自古不谋万世者，不足谋一时；不谋全局者，不足谋一域。"自古以来，不考虑长远利益的，就不能够谋划好当前的问题；不考虑全局利益的，就不能策划好局部的问题，人无远虑，必有近忧。

历史上有许多谋深计远，终身受益的事例。刘邦谋士萧何，眼光远大，不同凡人。汉高祖刘邦率兵攻占咸阳后，凡秦宫的金银财宝，狗马玩物，任凭臣下随意掠取，毫不禁止。萧何其人行为独特，他进入丞相府，收罗秦朝的典籍簿册而回。这时，他便对当时天下的山川形势、关隘险阻、户籍多少、人民贫富了如指掌。这些在楚汉战争中，都派上了用场。为此，他做了西汉的第一任相国。

20 世纪初，日本人不会打棒球，大多数人不知道此项体育运动为何物。可有个日本人却要开拓日本棒球市场，他叫水野利八。他当时开了一家生产棒球棒的工厂，供美国海员使用。他想，如果在日本人中提倡棒球运动，其潜在的市场是不可估量的。1913 年，他在日本国立高等学校发起学打棒球锦标赛。这一新型的体育运动吸引了广大的日本体育爱好者。

当日本人，特别是日本青年开始迷恋棒球运动以后，水野利八冷静地思考新兴的热潮。他同体育器械的专家们一起，研究棒球棒耐破裂性能的技术关键。有人为之不解：如果棒球棒的破裂减少了，不是会降低"水野公司"的棒球棒销售量么？他们劝水野利八放弃改进棒球棒强度的试验。但水野利八不这样看，他认为一个企业家要面向长远，面向未来。他说："如果我们能使棒球棒的破裂减少，那将意味着人们能够花费便宜的代价玩棒球，这样，参加这项体育活动的人会更多，我们就能获得更加广阔的棒球市场。"

正是这种企业家的长远眼光，使得水野利八作为一个发起人，不断开拓业务新领域。他推动了高尔夫球、排球、足球、网球、滑雪等各项西方盛行的体育活动在日本的开展。每一项运动的展开，都使他生产的运动器械获得畅销的市场。

在历史的长河中，也有一些英雄豪杰，因一时目光短浅，眼界狭隘，致使前功尽弃，饮恨苍天。楚汉相争中，项羽身经70余战，连战连捷，但因战略失误，最后自刎乌江。陈胜、吴广、张角、黄巢、李自成等农民起义军领袖，率领成千上万的人民群众，斩木为兵，揭竿为旗，东征西讨，南征北战，沉重打击了反动统治阶级的嚣张气焰。然而，终因未能建立稳固的根据地等战略上的失误，以失败告终。

谋深计远，需要认识和掌握事物发展变化的可能和趋势，事先采取相应的措施。萧何的不同寻常之处在于，能知人所不知，见人所未见，知道掌握秦朝山川图册的重要价值，因此，在别人惟财物是夺的时候，他收起了当时百无一用的图册。水野利八也是如此，他能在大多数日本人对棒球一无所知的时代，预见到可以在日本创造出一个棒球运动的热潮，一个十分可观的棒球市场。为此，他做出了其他人不曾想到的惊人之举。

谋深计远，还需要居安思危，防患未然。在胜利的时候，保持清醒的头脑，准备应付可能发生的危险和困难。

任何事物在一定的条件下，都会向相反的方面转化。胜利，是各种竞争力量暂时较量的结局，不是恒久不变的，一旦力量对比发生变化，就会胜转为败，强化为弱。

有一句成语，叫"螳螂捕蝉，黄雀在后"。蝉在树上放声歌唱，可它不知道螳螂正躲在它的身后。螳螂弯着身子躲在一边，正想捕蝉，却不知道有一只黄鸟在它身旁。黄鸟伸长脖子，正想去捉螳螂，却不知道树下行人举着弹弓要打它。

在竞争胜利者的身前身后，一定有人在睁大双眼，伺机取而代之。如果胜利者放松戒备，骄傲自满，稍有失误，便可能为人提供可乘之机，转胜为败，化强为弱。

因此，聪明的人总是十分注意保持高度警惕，"既胜若否"，以防万一。

武则天时，有一个负责传递消息的舍人叫元行冲，学问渊博，多才多艺，狄仁杰很器重他。元行冲数次规劝狄仁杰说："凡是举家过日子，必须有所储备。肉干、酒是用来食用的，参、术是用来治病的。我暗想明公之门，山珍海味，无奇不有，一定多得不得了。但我元行冲恳请您一定要储备药物。"狄仁杰笑着说道："我药笼中的药，怎么可以一点没有呢？"

这是一段暗语，"药物"，是指发病即遇到意外伤害时的应付措施，防患于未然之法。当时，狄仁杰深得武则天的信任，可谓志得意满，但他懂得这并不是不可以失去的，应该防患于未然，准备应付失宠，这就是成功者的胸怀。

二策

打好处世牌：
善于把复杂的问题简单化

处于金字塔顶，能够取得傲视天下的卓越成就的毕竟只有少数人，大多数人不得不生活于平凡之中。但是平凡人并不意味着一辈子甘于平庸，即使没有超人一等的能力和意志，也可以通过打好处世这张牌，对于遇到的种种问题应付裕如，从而创造出任我驰骋的自由空间。

第四章
掌握和运用可方可圆的社交策略

社交要讲策略和技巧，否则便很容易得罪人。高明的处世之道不是做好好先生，也不是动辄伤人，而是该方时则方，该圆时则圆，方圆互用，从而在社交场上无往而不利。

及时解开社交中的小误会

在社交活动中，由于一些意想不到的原因导致失误，常常会造成不必要的误会。比如，一对初恋者约会，小伙子因意外事情迟到了，又没说明原因，姑娘便认为他是个靠不住的人。再如，某单位领导找部下谈话，通知其调动工作，因没说明这是组织集体讨论决定的，使对方误以为是他的主意等等。

其实，这些误会本来并不难消除，只要当场多说上一句话，便可免去很多麻烦。可是，人们往往忽略了，没说这句话，结果留下遗憾。当然，事后进行疏通说明也可以补救，但总不如当场消除误会的好。

夏洁是个大大咧咧的女孩，大学毕业后去一家水产公司上班。公司的老会计王姐非常喜欢她，对她一向照顾有加。有一天，王姐的孩子从网上下载了点东西，因为家里没办法打印，所以就想麻烦夏洁帮忙打印，说孩子着急要用。夏洁答应了，但当天的工作特别忙，就把这事儿给忘了。第二天，王姐来取东西时，夏洁这才想起来，只好回答说自己还没弄呢！王姐脸色平静地告诉夏洁不用弄了，孩子只是闹着玩。夏洁也没在意，这件事就算过去了。但是后来夏洁发现王姐对自己特别冷淡，一次同事一起开玩笑时，夏洁说了句什么，王姐紧跟着就指桑骂槐地说了句："那当然，人往高处走嘛！领导有事吩咐声就行，咱们小老百姓哪能支使得动啊！"夏洁这才明白，王姐误会自己了，可是事情过去了那么久还怎么解释呀！

夏洁错就错在没有当场跟王姐解释清楚，如果她把自己工作忙等情况说一下，相信王姐不会不理解。当我们出现了失误时，很多人都觉得这没什么大不了的，不需要解释什么，结果就造成了对方的误会，给自己也带来了很多麻烦，所以必要的解释一定不能少！

那么应该怎样做解释呢？

①解说原委

当由于特殊原因造成失误时，应及时实事求是地陈述原委。如本文开头的事例，小伙子迟到是因为路遇小孩打架受伤，他送小孩去医院。对此，他以为这是应该的，而没有主动说明，以致姑娘产生了误解。如果他当时就说明此事的话，也许他们的关系就是另一种结局了。

为了防止他人产生潜意识的责难，当事人也可用自言自语的方式对自己行为上小的失误进行解释。比如，开会时间过了，主持会议的领导才匆匆赶来，他边走边说道："叫大家久等了。临时接待了外商，刚送走。现在开会吧。"只此一句，起码有两个作用：一是平息大家的怨气。主持人迟到，耽误了大家的时间，如此自我解释就是一种道歉。二是说明了迟到不是有意的而是遇到了特殊的情况，易于得到他人的谅解，不致影响领导的威信。

②交代关系

有时在交际场合，对于可能引起他人猜测的人际关系或敏感问题，也要主动说明，以解嫌释疑避免误会。有位处长到北京办事，顺便看看老同学，老同学上大学的女儿跟他上书店去买书。正巧碰上本单位一位出差的同事，处长和他寒暄几句就匆匆而过。等他回到单位时，他在北京的"艳遇"已经满城风雨，任他如何解释也说不清，使他十分苦恼。其实，他当时只要多说一句解释关系的话，这一切就不会发生了。

对于易于为人猜测的男女关系、敏感问题应及时落落大方地说明，就可免去很多麻烦。某单位一科长与一位女同事公出，在街口遇上一位熟人。科长主动介绍："这是我们单位的小王同志，一块儿到上级机关开会，刚回来。"小王主动与之握手相识。这样介绍，自然免去了很多误解。

③说明背景

有时，在交际中为把事情说得更准确，使他人理解得更全面，不致造成误会，还应对背景材料做必要的解释和说明。比如，某书记找工人交谈，一开始就交代背景："马上要进行优化组合了，可能要涉及你，我今天是以朋友的身份来和你交心……"书记这样解释自己的身份，说明不是传达组织决定，而是朋友间推心置腹的交心，所以气氛更融洽，工人也敞开了心扉。

还有时，主动解释个性性格或个人心理，给对方打"预防针"，也可防止造成对自己良好动机的误解。比如，在提出对方不爱听的问题时，常常有一句先导性的话："有句话不知当讲不当讲……""我有一句多余的话，你可能不爱听……"这种打预防针式的解释背景的话，可以使对方充分理解自己的善意，不致当场形成误会和对抗而影响彼此关系。

误会越早解开越好，不要等到误会变成了怨恨才开始着急，所以发生误会时，少说一句不如多说一句，千万别嘴懒！

抱着建立友谊的态度化解冷遇

社交中受到冷遇很常见，但如果你不懂得化解冷遇，就会使社交受到极大影响。拂袖而去或纠缠不休都不是办法，真正的聪明人要能根据受到冷遇的不同情况来做出不同反应。

冷遇无非分为以下三种情况：

一是自感性冷遇，即自我估计过高，对方未使自己满意而感觉受到冷落。

二是无意性冷遇，即对方考虑不周，顾此失彼，使人受冷落。

三是蓄意性冷遇，即对方存心怠慢，使人难堪。

当你被冷落时，要区别情况，弄清原因，再采取适当的对策。

对于自感性冷遇，应多做自我反省，实事求是地看待彼此关系，避免猜度人和嫉恨人。

常常有这种情况，在交际赴会之前，自以为对方会热情接待，可到现场却发觉，对方并没有这样做，而是采取了低调。这时，心里就容易产生一种失落感。

其实，这种冷遇是对彼此关系估计过高、期望太大而形成的。这种冷遇是"假"冷遇，非"真"冷遇。如遇到这种情况，应重新审视自己的期望值，使之适应彼此关系的客观水平。这样就会使自己的心理恢复平静，心安理得，除去不必要的烦恼。

有位朋友到多年不见面的一个老战友家去探望。这位老战友如今已是商界的实力人物，每天造访他的人很多，感到很疲劳，大有应接不暇之感。因此，对一般关系的客人，一律不冷不热待之。

这位朋友一心想会受到热情款待，不料遇到的是不冷不热，心里顿时有一种被轻慢的感觉，认为此人太不够朋友，小坐片刻便借故离去。他怨气冲天，决心再不与之交往。后来才知道，这是此人在家待客的方针，并非针对哪个人的。他再一想，自己并未与人家有过深交，自感冷落不过是自作多情罢了。于是他改变了想法，并采取主动姿态与之交往，反而加深了了解，促进了友谊。

对于无意性冷遇，应理解和宽恕。在交际场上，有时人多，主人难免招待不周，特别是各类、各层次人员同席时，出现顾此失彼的情形是常见的。这时，照顾不到的人就会产生被冷落的感觉。

当你遇到这种情况，千万不要责怪对方，更不应拂袖而去，而应设身处地为对方着想，给予充分理解和体谅。

比如，有位司机开车送人去做客，主人热情地把坐车地迎了进去，却把司机给冷落在门口。开始司机有些生气，但转念一想，在这样闹哄哄的场合下，主人疏忽是难免的，并不是有意看低自己、冷落自己。这样一想气也就消了，他悄悄地把车开到街上吃了饭。

等主人突然想起司机时，他已经吃了饭且又把车停在门外了。主人感到过意不去，一再道歉。见状，司机连说自己不习惯大场合。这种大度和为主人着想的精神使主人很感动。事后，主人又专门请司机来做客，从此两人关系不但没受影响，反而更密切了。

这种和善的态度引起的震撼会比责备强烈得多，同时还能感召对方改变态度，用实际行动纠正过失，使彼此关系更加和谐。

对于有意性冷遇，也要具体情况具体分析，给予恰当处理。一般来说，当众给来宾冷遇是一种不礼貌的行为，而有意给人冷落那就是思想意识问题了。在这种情况下，予以必要的回击，既是自尊的需要，也是刺激对方、批判错误的正当行为。当然，回击并不一定非得是动手动脚、大吵大闹不可。理智的回敬是最理想的方法。

有这样一个例子：一天，纳斯列金穿着旧衣服去参加宴会。他走进门后，没人理睬他，更没人给他安排座位。于是，他回到家里，把最好的衣服穿起来，又来到宴会上。这一次主人马上走过来迎接他，安排了一个好位子为他摆了最好的菜。

纳斯列金把他的外套脱下来，放在餐桌上说："'外衣'，吃吧。"

主人感到奇怪，问："你干什么？"

他答道："我在招待我的外衣吃东西。我穿旧衣服来时，没人理睬我，换了新衣服后，立刻被奉为上宾，你们的这酒和菜不是给衣服吃的吗？"

主人的脸唰地红了。纳斯列金巧妙地把窘迫还给了冷落他的主人。

还有一种方式，就是对有意冷落自己的行为持满不在乎的态度，以此自我解脱。有时候，对方冷落你是为了激怒你，使你远离他，而远离又不是你的意愿和选择。这时，聪明的人会采取不在意的态度，"厚脸皮"地面对冷落，我行我素，以热制冷，以有礼对无礼，从而使对方改变态度。

冷遇确实令人感到尴尬，但在社交中每个人都会遇到，所以你必须学会化解它，这样你才能适应各种社交环境。

交际需要高超的判断力

高超的判断力是使交际获得成功的前提和基础，一个人如果疏于判断或判断失误，就可能造成言行失误，使自己陷入被动，导致交际失败。

那么怎样做出准确的交际判断呢？

①透过衣着仪表，抓住风度气质，做出判断

在交际中最常见的判断错误就是以衣貌取人。应该说，人的衣着打扮是一种直观的重要的信息，它可以在一定程度上反映一个人的身份、职业、爱好等。但是，这种外在信息有一定的不确定性。如果仅仅据此进行判断，就可能弄错。与衣着相比，人们的气质较为真实。气质是一个人内在修养、学识、经历、思想面貌的自然流露，它是熔铸在人们言行表情中的，想掩饰也掩饰不住。换句话说，衣着可以伪装，气质则不能。同是妙龄女子，一个农村姑娘与一个城市姑娘的气质大不相同；同样装束的城市女子，一个劳动女工与一个白领小姐在做派表情、举手投足上绝不一样，一看便知。正确的判断方法是，要透过衣着仪表，把握其风度气质，综合内外因素进行分析、判断，才能提高判断的准确性。

②透过语言谈吐，把握思想动机，做出判断

有句俗话说：言为心声。在大多数情况下，闻其言便可知其人。不过，生活十分复杂，常常出现例外。有时候，很动听、很漂亮的话很可能不是真话，而是假话。因此，在与陌生人打交道时，切不可根据一面之词就信以为真，那样就会受骗上当。我们应注意听其言，辨其意，透过语词，分析动机，做出准确判断。一次，街上有两家推销饮水机的商人在叫卖，都说自己的产品是正宗品牌，但两者价格相差不少。一位先生听罢这家又看那家，拿不定主意。这时，售价较高一家的推销员说："我们的产品质量高，保证售后服务到家。如果不信，这是我与厂家签订的销售合同书，这是我的身份证。那里有长途电话，你马上可以与厂家联系核实，电话费由我出。"听罢此言，先生没有打电话，而是下决心买了他的产品。有人问这位先生，为什么要买较贵的这一家？先生道："我分析他说的是实话，是真的。"显然，这位先生不是盲目的，他从对方的话语中判断出了真假，才下定决心。

实际上，每个交际者都有自己的利益，为了维护自身的利益，在言谈上并不一定直抒胸臆，往往要说一些言不由衷的话、带有潜台词的话，甚至是言此意彼的话。如果仅仅以其言词为依据进行判断，八成会造成判断失误。

所以，在交际过程中，不要"听风就是雨"，偏听偏信，片面判断。要注意认真倾听对手说了什么，再想一想他为什么这样说，动机本意在哪里，这样再行判断，就可能抓住要领，较为准确了。

③透过行为细节，认识内在本质，做出判断

有经验的交际者，不仅在大的方面关注对手，而且十分留意其举止行为的细枝末节之处，从中发现和洞察其内心世界。经验证明，人们的举止动作往往带有习惯性，它通常是经历、职业、爱好、心理等内在因素的自然流露。因此，我们可以从小小的动作、表情，洞悉一个人为人处世的品格和思想面貌。有位外商到内地寻找合作伙伴，他到一个工厂考察，在听了厂长介绍，参观了工厂设施之后，虽有合作意向，但还是下不定决心。中午厂长设午宴招待他，宴会结束时，厂长把剩下的饭菜打包提走了。就凭这个小动作，这位外商感到他遇到了一个务实的、讲效益的企业家，当即决定与之合作，签了合同。后来的事实证明，这个合资企业办得很成功。

高超的交际判断力，是敏感的观察能力、透彻的分析能力和全面深刻的思索能力等因素综合作用的结果。这就需要你在平时的人际交往中，勤于观察，积极思考、分析，这样才能不断提高你的交际判断力，赢得交际的成功。

遇到突发事件要随机应变

我们随时都会遇到一些突发的事件，有的令你感到尴尬，有的却会让你陷入危险的境地，所以我们必须学会随机应变，巧妙地处理各种令人措手不及的情况。

下面是几招简单有效的应变方法：

①将计就计

某剧团到工厂慰问演出，一位工会干事代表全厂职工上台致欢迎辞。因他是头一次当众讲话，心情过分紧张，当念完讲稿时，不慎将讲稿散落在舞台上，又被风扇一吹，讲稿在舞台上飘舞起来。他下意识地去追扑，引得全场大笑不止。出了洋相，如何收场呢？他心一横，将计就计，干脆拿出喜剧大师卓别林的滑稽步态去追稿纸。这一来，大家更是笑得前仰后合，待他拾完稿纸来到话筒前，说道："我表演的小品'追稿'演完了，谢谢大家捧场！下面正式演出开始！"台下的笑声立刻转为一阵热烈的掌声。这个由失态转化来的小插曲，收到了意想不到的效果。这种应变法就是将计就计，反正也是当众出了丑，不如就把"戏"接着唱下去，这样做还可以获得意外的效果。

②虎口拔牙

一天，卓别林带着一大笔款子，骑车驶往乡间别墅。半路上突然遇到一个持枪抢劫的强盗，用枪顶着他，逼他交出钱来。

卓别林满口答应，只是恳求他："朋友，请帮个小忙，在我的帽子上打两枪，我回去好向主人交代。"强盗摘下卓别林的帽子打了两枪，卓别林说："谢谢，不过请再在我的衣襟上打两个洞吧。"强盗不耐烦地扯起卓别林的衣襟打了几枪。卓别林鞠了一躬，央求道："太感谢您了，干脆劳驾将我的裤脚打几枪。这样就更逼真了，主人不会不相信的。"

强盗一边骂着，一边对着卓别林的裤脚连扣了几下扳机，也不见枪响，原来子弹打完了。卓别林一见，赶忙拿上钱袋，跳上车子飞也似的骑走了。

卓别林实在是个聪明人，如果他硬拼的话，可能就会受伤，如果屈服的话，就会损失一大笔钱，幸好卓别林想出了一个聪明的办法：他最害怕的不就是强盗手中的枪吗，那么就把这个威胁去掉，想个办法让强盗把子弹浪费光，强盗就会变成一只没牙的老虎，再也没有什么可怕的了。当然，使用这种方法可能会冒一定的风险，一个不注意，可能就会"拔牙"不成反被"咬"，所以，使用此法者千万要小心。

③反咬一口

有一次，美国著名心理学家福·汤姆逊外出归家，天色已晚，他旧大衣内有两千美元，心里老担心遇到强盗。

越是怕鬼越有鬼，他突然发现身后有个戴鸭舌帽的彪形大汉紧紧尾随着他，而且怎么也甩不掉这个"尾巴"。

汤姆逊走着走着，突然转身朝大汉走去，哀求地对大汉说："先生，发发慈悲给我几角钱吧！我快饿得发昏了，路都跑不动了！"

大汉一愣，仔细打量着他的旧大衣，嘟囔着说："倒霉，我还以为你口袋里有几百美元呢！"说着，从口袋里摸出点零钱扔给汤姆逊，十分败兴地走了。

汤姆逊怎么也不会想到夜晚会出现这样一个棘手的难题，不过他的反应倒也敏捷，不等强盗动手，自己先向他要钱，这样一来，强盗就认定汤姆逊一定没钱，汤姆逊也因此逃过一劫。但这种反咬一口，需要先发制人，如果让对方先出手的话就不灵验了。

我们都经历过这种情况：平常觉得自己反应还算快，可一遇到突发的状况，脑袋就会出现空转的现象，无法应付外界突然的变化。这就是因为我们不够镇静，无论哪种随机应变的方法都需要以镇静为前提，不够镇静的人，就无法随机应变，根据具体情况做出明确果断的反应。

交际中随时可能发生各种情况，我们必须准备好冷静的头脑去应付各种突发的状况，处变不惊，化险为夷。

充分开发自己的交际优势

社交的成败往往取决于交往中谁占的优势比较多，所以你应该学会开发自己的交际优势，掌握交际的主动权。这样才能建立起良好的关系，为自己赢得机会。

交际优势可以分为两种：一是本色优势，比如地位、财富等赋予人们的某种优势。二是争得的优势，就是发挥主观能动性，调动自己的智慧，开发创造出来的交际优势。比较而言，后者更具有重要的意义。下面略举几例：

①制造形象优势

　　有一家公司经营不景气，产品积压，资金短缺，发不出工资。为了摆脱困境，必须开拓市场。有一次，经理与一位港商谈判，希望能得到一份订单。他在经济十分拮据的情况下，把谈判的地点定在一家四星级宾馆，还从友邻单位借了一辆豪华汽车，又带上秘书和人员，以这样的阵容出现在对方的面前。结果，这次谈判很顺利，他们接到了订单，工厂出现了转机。经理很善于创造优势，他通过选择谈判地点、车辆等加强了自己的交际形象，给对方造成一种有实力的印象，因而使他在谈判中处于主动地位。假如不是这样，结果可能就是另一种情形了。

　　②展示成果优势

　　有一位青年学者到特区谋职，他没有像一般人说自己有多大的本事，也没有夸夸其谈，他抱了一摞书，走进应考室，给每个考官一本，说："这是我这几年出版的几本有关的书，请各位领导指教。"这几本书一放，几个领导的眼神立即发生了变化，在审视中透出了敬意，接着用商量的口吻说："你到我们单位来，有什么想法？"他们发现了一个人才，也可以说是自己送上门来的人才，岂能放了？这次会见，一锤定音，他被录用了。显然，这个青年是用了心计的，他知道如何推销自己。通过实物展示自己的才干，这种优势是很有征服力的。

　　③利用地域优势

　　有一位北方来的客人，到海南岛办事。接待他的是一个当地青年。交际一开始青年就把门关了，说："这件事不好办。"没有谈判的余地了。但客人没灰心，他问："你去过北京吗？""没有，很想去的，可是没有机会。"他抓住这个口实，说："我是北京人，你要去北京，我来安排你吃住行。"这样一说，青年的口气不同了。接下去他们谈得十分投机，刚才已经结束的话题又重新提起并且前景光明。

一般边远地方的人对于首都有一种天然的向往之情。这位北京人很好地利用了对方的这种心理，及时展示自己的地域优势，彼此之间的距离也就拉近了很多。其实很多地方都有令人向往的内容，都可以成为你的资本，关键看你是否会用。

方法还有很多种，不一一列举。仅从上述事例可以看出，在交际中，只要开动脑筋，总是可以为自己制造出某种优势的。不过，在利用、创造和展示自己的优势时，必须注意以下几个问题：

一是应该认识到优势是相对的，要因人而异。对于任何一个人来说，优势没有绝对的，只有针对具体人才称得上是优势。这就告诉我们，在展示自己的优势时，要根据对方的情况来决定，不能一厢情愿。比如，地理上的优势对一个同乡来说，就不是优势，只有对于那些远离此地的人才有吸引力。再如，一个大款对于普通人有财力上的优势，可是他一旦出现在百万富翁的面前，就相形见绌了。

二是要根据现场的情况灵活地利用优势。交际者要有很强的观察力和判断力。要根据交际现场的情况变化，及时捕捉信息，抓住对方的劣势和心理，以此决定自己的对策，展示和创造自己的优势。

三是展示优势要自然得体，不要弄巧成拙。

拥有交际优势的一方往往可以取得交际主动权，从而在一定程度上左右对手，使情势朝向有利于自己的方向发展，并取得交际的最终成功。

学会怎样在领导跟前做人

作为一名员工，几乎每天都要与领导接触，如果能够正确地处理你与领导之间的关系，那你就会更加顺风顺水。

那么好的方法是什么呢？

①常请示，常汇报

你是不是常常向上司询问有关工作上的事？或是自身的问题，有没有跟他一起商量过？

如果没有，从今天起，你就应改变，尽量地发问。一个未成熟的部下，向成熟的上司请教，这并不可耻，而且理所当然。千万不要想："我这样问，对方会不会笑我？我是不是很丢脸？"如果你这样想，那就太多虑了。

有心的上司，都很希望他的部下来询问。部下来询问，就表示他（她）在工作上有不明之处，而上司能解答，可以减少错误，上司才放心。

如果你假装什么都懂，一切事情都不想问，上司会觉得："真伤脑筋，这个人是不是真正了解了呢？"从而感到担心。当上司尚未叫你到他眼前，你应先自动地去问："关于这件事，这个地方我不太了解。"或："这一点是不是可以这样理解，不知经理的意见如何？"

上司一定会很高兴地说："嗯，就照这样做！"或"大体上就这样好了！"对你思考不到的地方加以补充，并将不对的地方加以纠正。

②以最快的速度汇报新信息

在外面听到任何新的消息，回公司后，就要尽快地向上司报告。

尤其是有生意往来的客户或相关行业界的情报消息，上司一定是求之不得。

一般说来，地位越高的人，对情报的渴望度就越强。关于重要客户的情报更是"听"之唯恐不及。因为即使一些表面上似乎微不足道的事，对上司而言其中或许就藏有玄机，如客户中的职员或亲属有人要婚娶，或是客户的交易状况与金融动态等等。

上司若能从部下处得知详细情报，就可以掌握先机展开行动，这样至少不会输给同行业的竞争对手。

一个能经常取得珍贵情报的部下，无异于上司的左右手。因此，做部下的一旦得到新消息，不论事态大小，都要尽快地向上反映，而上司对这种部下当然也印象特别深刻。

迅速传送情报，就是部下对上司的一种"敬业"的行为。部下的敬业对上司是再好不过的，它至少会让上司沉醉在身为上司的优越感中。

③别忘了在他人面前称赞上司

当着上司的面直接给予夸赞，虽然也是一种"奉承"上司的方法，却很容易招致周围同事的轻蔑。而且，这种正面式的歌功颂德，所产生的效力反而很小，甚至有反效果的危险。

与其如此，倒不如在公司其他部门，上司不在场时对其适度称赞一番。这些赞美终有一天还是会传到上司耳中的。同样地，如果您说的是一些批评中伤的话，迟早也都会被泄露出去的。一个精明能干的上司，即使在他管不到的部门内，也必定会安置一、二名心腹。

自己的下属在其他部门是否受欢迎，这也是上司很在意的事情。自己的部下很得人缘，上司也会觉得自己很有光彩。如果又知道，那位部下在其他部门中不遗余力地称赞他，不用说，上司对那位部下的好感度是直线上升的。

不过，要特别注意的是，如果一个下属和其他部门的人，尤其是和其他部门的上司走得太近，这时，直属上司可能就会不高兴，人总是有猜疑心的。

④坐在上司的身边

常见到有这种情景，在事先没有安排座次的座谈或某些较随意的场合，许多下属都争着坐在离上司较远的地方。有时上司主动招呼下属向他靠拢，但下属却惴惴不敢从命。

也许有的下属怕坐在上司旁边，被人在背后说拍领导马屁，结果好像领导身边就成了禁区。其实，如果心地坦然，敢于坐在自己的上司身边，恰是一种自信自强的表现。你想，坐在上司身边，就意味着要随时应答上司的谈话。上司会从你的举止谈吐中感觉你的素质与风度，还会从你对事物的分析中看出你认识问题的水平，甚至能从你那不卑不亢、有礼有节的谈吐中感受你的人格魅力。一个对自己的素质修养和业务能力充满自信的人，是不怕同领导坐在一起的。相反，有了与领导面对面沟通与交流的机会，会促使领导慧眼识才，更进一步地了解自己。同时，你也可以在同领导的交谈与探讨中，更深入地了解领导，学习许多新的东西。正如同有的秘书常在领导身边，深受领导的认识水平与办事经验的言传身教耳濡目染，从而"胜读十年书"，获益匪浅。

总而言之，你应该常常跟在领导左右，如果你总是怕人说三道四，而甘当"后排议员"，那你就永远也无法引起领导的注意，所以你要学着会做人。

别把迎来送往的应酬不当回事

社交中的应酬，是一门人情练达的学问，它可以拉近距离、联系感情。同事间的应酬有很多：小张结婚、大李生子、赵姐升迁、小童生日……你一定要积极一点，帮人凑份子、请客、送礼，因为应酬是最能联系感情的办法，善于交际的人一定会抓住它大做文章。

一位同事生日，有人提议大家去庆贺，你也乐意前往，可是去了以后发现，这么多的人，偏偏来为他贺岁，他们为什么不在你生日的时候也来热闹一番？这就是问题所在，这说明你的应酬还不到位，你的人际关系还有欠佳的时候。要扭转这种内心的失落，你不妨积极主动一些，多找一些借口，在应酬中学会应酬。

比如你新领到一笔奖金，又适逢生日，你可以采取积极的策略，向你所在部门的同事说："今天是我的生日，想请大家吃顿晚饭，敬请光临，记住了，别带礼物。"在这种情形下，不管同事们过去和你的关系如何，这一次都会乐意去捧场的，你也一定会给他们留下一个比较好的印象。

小方上班已经快半个月了，与同事的关系却还停留在"淡如水"的阶段，看着其他同事彼此间亲亲热热，小方真是又羡慕又无奈。这天是周五，行政部的王小姐大声宣布："明天我生日，我请大家吃饭，愿意来的呢，明天下午3点，在公司门口会合！"大家听了都非常高兴，叽叽喳喳议论个不停，当然，小方依旧是被冷落的那一个。"去不去呢？人家又没邀请我！"下班后小方一直在考虑这个问题，最后一咬牙，还是决定去。第二天，他准时来到公司门口，当他把准备好的礼物送给王小姐时，她明显愣了一下，但马上就笑开了，并对小方表示了热情的欢迎。那一天他们玩得非常尽兴，小方还两次登台献艺，办公室里的尴尬气氛就这样打开了，小方也成功地融入了这个集体。

如果没有参加这次应酬，小方可能还得在办公室的"北极地带"继续徘徊，可见应酬确实是联络感情的最好办法，吃喝笑闹间，双方的距离就被拉近了。

重视应酬，一定要入乡随俗。如果你所在的公司中，升职者有宴请同事的习惯，你一定不要破例，你不请，就会落下一个"小气"的名声。如果人家都没有请过，而你却独开先例，同事们又会以为你太招摇。所以，要按约定俗成来办。这是请与不请、当请则请的问题。

重视应酬，还有一个别人邀请，你去与不去的问题。人家发出了邀请，不答应是不妥的，可是答应以后，一定要三思而后行。

对于深交的同事，有求必应，关系密切，无论何种场面，都能应酬自如。

浅交之人，去也只是应酬，礼尚往来，最好反过来再请别人，从而把关系推向深入。

能去的尽量去，不能去的就千万不能勉强。比如同事间的送旧迎新，由于工作的调动，要分离了，可以去送行；来新人了可以去欢迎。欢送老同事，数年来工作中建立了一定的情缘，去一下合情合理；欢迎新同事就大可不必去凑这个热闹，来日方长，还愁没有见面的机会吗？

重视应酬，不能不送礼，同事之间的礼尚往来，是建立感情、加深关系的物质纽带。

同事在某一件事上帮了你的忙，你事后觉得盛情难却，选了一份礼品登门致谢，既还了人情，又加深了感情。同事间的婚嫁喜庆，根据平日的交情，送去一份贺礼，既添了喜庆的气氛，又巩固了自己的人缘。像这种情况，送礼时要留意轻重之分，一般情况礼到了就行了，千万不要买过于贵重的礼品。

同事间送礼，讲究的是礼尚往来，今天你送给我，我明天再送给你，所以，不论怎样的礼品，应来者不拒，一概收下。他来送礼，你执意不收，岂不叫人没有面子？倘若你估计到送礼者别有图谋，推辞有困难，不能硬把礼品"推"出去，可将礼品暂时收下，然后找一个适当的借口，再回送相同价值的礼品。实在不能收受的礼物，除婉言拒收外，还要诚恳的道谢。而收受那些非常理之中的大礼，在可能影响工作大局和令你无法坚持原则的情况下，你要撕破脸面坚决不收，比日后落个受贿嫌疑强。这叫作"君子爱礼，收之有道"。

应酬，是处理好同事关系的法宝之一，嫌应酬麻烦而躲避它的人，会被人说成是不懂得人情世故，处理好应酬的人必定会受到同事的欢迎。

不要沾惹不必要的是非

有人的地方就有是非，办公室里的是是非非每天都在发生着，说不清理不顺。对于这些是非，你能躲多远就躲多远，招惹是非对你不会有任何好处。

你可能是个很有正义感的人，忍不住要挺身而出"匡扶正义"；也可能你是个外向型的人，眼里看不过的事嘴上就要说出来，也可能你是个……

但不管你是什么样的人，奉劝一句，是非不要轻招惹，是非背后麻烦多。甲乙两位平日颇为要好的同事，最近竟然分别在你跟前数落对方的不是，然而两人表面上依然友好。所以，你生怕两面皆讲好话，会被认为是两头蛇。其实，除了这点，你更该小心，因为另一个可能性是，甲乙是否在对你试探点什么？

先讲前一种可能。有些人心胸狭窄，十分小气，又善妒，所以因为某些问题，令两人发生心病，是不足为奇的，但表面上又不愿意翻脸，故向较亲近者倾诉心中情，是自然不过之事。

你这个夹心人并不难做，同样冷淡对待两人是妙法。对方发现没有人同情，必然蛮不是味儿，定会另找"有爱心之人"，那么你就自动"脱身"了。

若发现两人是别有用心，旨在试探你对他俩的喜恶程度，你就该步步为营了。既然对方的动机不良，你亦不必过分慈悲，不妨还以颜色。分别跟他们说："对不起，我的看法对你们并不重要呀！"这一招，他们必然无功而退。

有人请你做公事上的"和事佬"，你其实有不少应留意的要点。

部门主管们之间，有太多的微妙关系存在，大部分是亦敌亦友的，无论私交如何要好，在老板面前，既然是在竞争之下，他们就会有数不完的斗争。今天，某甲跟某乙像最佳搭档，在办公室成了"铁哥们"，但很有可能几天后，两人却反目变成仇人了。

所以，某些人可能为了某些目标，希望化干戈为玉帛，以方便日后做事，但亲自出面又太唐突，于是便找来"和事佬"。本来使人家化敌为友，是一件好事。但做好事之余，请做些保护自己的工作，亦即给自己的行动定一个界线。

例如有人请你做"和事佬"，你不妨只做饭局的陪客，或作为某些聚会的发起人，但不宜将责任全往头上冠，反客为主。你最好是对双方的对与错，均不予置评，更不宜为某人去做解释，告诉他俩"解铃还需系铃人"，你的义务到此为止。

对上司不满、对公司不满，永远大有人在，遇上有同事来诉苦，指责某人有意刁难他，或公司某方面对他不公平，你应该做到既关心同事的利益，又置身事外。

例如，同事与某人有隙，指出对方凡事针对他，甚至误导他。

你或许会很有耐性地听他吐苦水，听他细说端详，但奉劝你只听，不问。尤其是切莫查问事件的前因后果，因为你一旦成了知情者，就被认定是当然的"判官"了，这就大为不妙。

你只需平心静气开导他："我看某人的心地不差，凡事往好处想，做起事来你会更开心的。"

要是对公司不满，你处理起来就比较复杂。可是，人家来找你，保持缄默实在不礼貌。不妨这样告诉他："公司的制度不断改进，这次你觉得不公平，或许是新政策的过渡期，你不妨跟上司开诚布公谈一下，但犯不着坚持己见。"轻轻带过才是上策。

一位向来忠心，已服务公司多年的同事，突然告辞，惹得众说纷纭，不少同事还千方百计去细问当事人，誓要找出真相。

其实，知道了真相，对你有好处吗？肯定没有，坏处倒有一大堆。例如，你或会无端卷入人事漩涡，晓得行政层的秘密对你的工作态度多少有些影响。还有，你更有可能被列为"某类分子"。

所以，过去的即将过去，不必去追究了，除非这位同事向来与你颇投契，自动向你诉衷情，但你亦只宜做个聆听者，万万不要做"播音员"。

你应该做的是送上诚意的祝福，赠对方一件纪念品，当作纪念你俩的情谊吧！又或者，请对方吃一顿饭，当作饯别。

至于其他同事的行动，大可不必理会，也不必加以批评，这叫作独善其身。惹什么也别惹是非，陷进是非圈里，你就难以脱身，轻则灰头土脸、重则里外不是人，所以，别妄想当"兼济天下"的"圣人"，还是好好"独善其身"吧！

第五章
用对规则做好事

做人讲原则，做事要讲规则。我们生活在一个法治社会，从大的方面讲，要不折不扣地遵守国家法律；同时行有行规，不同的领域、不同的环境有不同的行为规范。不管是明规则还是暗规则，只有依规则而行，才能把该做的事情做好。

创新要勇于向现存的规则挑战

已有的并不就是合理的，有的规则你越是去遵守，越难成事，如果勇于向规则挑战，事情反倒简单了。

例如，咖喱粉是一种厨用调料，在日本市场上销售量很大。有个食品工业公司的老板浦上，对咖喱粉新品种的开发情有独钟，但是尝试了几种配方之后，并没有找到成功的喜悦。后来，他挑战规则，开发出跟传统口味大为不同的"不辣咖喱粉",结果引来一顿非议。

有人还当面侮辱浦上:"你这个大聪明!哪有这种咖喱粉呢?"

的确,当时的咖喱粉都是辣的,浦上这个"不识时务"者,居然用蜂蜜和果酱调制成不辣的所谓咖喱粉,不是"大聪明"又是什么?

世界上的事说来也怪,被同行断言根本卖不出去的"大聪明咖喱粉",上市后居然受到一些讲究口味人的喜爱,他们认为早就该发明这种不同于传统风味的调料。经过各种活动的配合,新口味咖喱粉异军突起,一年后竟成为日本市场上的畅销调料之一。

如果浦上一味地从"辣味"方面去"解"新调料开发之"结",怎有异军突起的营销辉煌?

再比如,爱美之心,人皆有之,但"男不施妆"的千年古训使美容似乎成为女士独享的专利。化妆品市场自然被当作女士们的天下。精明的日本企业家率先挑战千年古训,把市场开发的眼光投向千千万万的男性消费者。男士系列化妆品上市后,高薪阶层中的男士们纷纷涌向化妆品柜台。

为什么男性化妆品也会畅销呢?富士照相软片公司的公关部主任认为:"生于这个时代的我们,可以说无时无刻不在打激烈的人生之仗。对生意人来说,能不能说服对方,签下合同,达成交易,都要在商战中决定。在这个战场上,如果脸色枯黄、须发蓬乱、身带异味、衣服不整,那等于向对方表示自己是个失败者,是败下阵来乞求施舍的人。这种形象的公关者能有所作为吗?"

日本社会如此,改革开放后的中国社会,富有成功潜力的男性化妆品也会成为公关人士的"挡不住的诱惑"。

艺术大师毕加索有句名言："创造之前必须先破坏。"破坏什么？传统观念、传统规则在毕加索眼里都在破坏之列。

毕加索的话很有道理。其实中国人在发明"创造"一词时，就有"破坏"加"建设"的含义。创造，简单地说，就是推陈出新。实践表明，新生事物的产生总要受到传统观念和传统规则的制约，甚至是压制。因此，一切创新都可以说是向现存规则的挑战。

但是，并不是每个人都敢使用这一技法。为什么人们面对各个领域的"哥顿神结"不敢像亚历山大那样挥剑而解呢？一个重要的原因是，我们的观念中有着"遵守规则"的压力，这是我们最基本的价值观之一。社会从稳定的要求出发，常常鼓励那些循规蹈矩，习惯于按常规方法从两端找结的人，对企图改变现行规则的行为和想法，往往给予某种有形的或无形的压力。结果，人们觉得遵守规则比向规则挑战要安全得多、愉快得多。

但是，对一个民族、一个国家来说，墨守成规是十分危险的。"创新是一个民族进步的灵魂，是国家兴旺发达的不竭动力。"江泽民在全国科技大会上的这句讲话，高度概括了创新的历史作用，也是向中国人发出的"创新宣言"。

就个人而言，一味地"遵守规则"或许是一种心理枷锁，一种创新障碍，因为它代表的是僵化不变的守旧观念。如果不挑战规则，将注定你的一生是无所作为的。

遵守外圆内方的行为规则

大家常听说做人要"外圆内方"，实际上，对于何为方、何为圆可能并不十分了解。其实"方"就是讲做人的品质和正气，"圆"就是处世的老练和技巧，比如走路，直走不行，就要想办法绕过去。一个人如果过分方方正正，就会像生铁一样一折就断；但一个人如果八面玲珑，圆滑透顶，总是想让别人吃亏，自己占便宜，时间长了谁还愿与这种人打交道呢？这种人自然也是人生的失败者。做人就必须方外有圆，圆中有方，外圆而内方。

① "方"是做人之本

"方"是堂堂正正做人的根本。这个世界上最受欢迎、最受爱戴的那些人物都具有"方"的灵魂。武侠小说之所以备受欢迎，其中一个重要原因，正在于它歌颂了一种正气，大丈夫有所不为，有所必为。没有"方"之灵魂的人，有悖于社会伦理，只会遭到大众的唾弃，不可能取得最辉煌的成功。但人仅仅依靠"方"是不够的，还需要有"圆"的协助，需要掌握为人处世、有效说话等技巧，才能无往而不胜。

但单纯的技巧是很俗的，一本书如果只是一味地宣传技巧，而不激励人的品质，这本书是低俗的。我们不能为技巧而技巧，学习技巧的目的既是为了应用，更是为了升华品质。

人的外在是内在的一种反映。内心没有，外表就无法显露；内心有了，外在自然而然就能表现出来。人的心灵出众，行为才可能出众；人的内心端正，气质才会端正。人的气质、能力在很大程度上正是由人的内在品质支配。正如军队，做参谋的，只需要有智谋，但起决定作用的司令官，却要有威信、魄力，具备优秀的品质。对人生而言，技巧只是方法和手段，而决定人生成败的却是一个人的品质。

伟人与凡人并无多大区别，有区别的只是他们具有伟人的品质。李白说："天生我才必有用"。这个"才"，不是才华，而是品质。一个具备优秀品质的人，无论在任何环境、任何条件下，最终都会超过他的同类，环境、条件只能限制成功的大小，但绝无法阻止他最终取得成功。

一个人要干出一番事业，要真正懂得为人处世，要取得生活快乐，最重要的就是首先要具备优秀的品质。这就是"方"的真谛。这些品质就是"方"的基本要术，是一个人必须修炼的"内功"。

②"圆"是处世之道

港姐邝美云当初在参加竞选时，被记者问了一个很厉害的问题。"你读书时成绩不好，你是否很笨？"这个问题的确棘手，她巧妙地回答道："你们注意到没有，读书时成绩一流的人毕业后干什么？可能当工程师、律师、医生；而成绩二流的干什么呢？他们中很多人却当了那些工程师、律师、医生的老板。"

看看社会中，那些学习成绩好的同学在工作后并不见得就成功，那些成绩一般的却混得风风光光，实在是耐人寻味。这是因为成绩好的同学过分专心于专业知识，忽略了做人的"圆"；而成绩一般的同学却在与人交往中掌握了处世之道。

一个人的成功主要凭借什么？不妨看一下周围的人。那些成功的经理、厂长，甚至专业性很强的工程师、律师、医生，他们的成功是否因为他们的专业技术都是最好的呢？情况并非如此。他们的成功往往在很大程度上是因为他们善于为人处世，会有效活动，推销自己。正如幸福的家庭并不一定是郎才女貌，而在于双方彼此尊重体谅，关系融洽和谐。美国著名人际关系专家戴尔·卡耐基论述道：一个人的成功只有百分之十是依靠专业技术，而百分之八十五却要依靠人际交往、有效说话等软科学本领。而我们的教育却太偏重于前面的百分之十，而对后面的百分之八十五几乎可以说是没有涉及，实际上后面的百分之八十五对人而言更加重要。

1924年，美国哈佛大学教授团在芝加哥做"如何提高生产率"的调研时，首次发现人际关系也是提高工作效率的关键，由此提出"人际关系"一词。从此，人们普遍认识到个人的事业成功、家庭幸福、生活快乐都与人际关系密切相关。而人际关系技巧则正能使你在与人交往中左右逢源，游刃有余，是你在现实世界中拼搏、奋争的法宝。"处世绝学"正是想让您在"方"的基础上，变得更加"圆"，掌握人际关系的技巧。

"外圆内方"应该成为我们每一个人的人生座右铭，这也是生存规则的主旨。

不做没信用的人

人与人之间的交往既需要十分诚实，更需要言而有信、言行一致，如果只会说大话，开空头支票，却不履行自己的承诺，这样的人一定会受到人们的唾弃和鄙视。

上司许下诺言后不能兑现将不利于在下属面前树立一个良好的形象，从而导致上下级之间交往的失败。某机关的田处长是出了名的支票机，只会许诺，不会兑现。前不久，单位新分来一个小伙子，计算机专业毕业的，田处长一大早就把他叫到了办公室，笑眯眯地说："小陈啊！我看了你的履历，不错不错，以后啊咱们单位的计算机就交给你负责了，出了什么故障你就给看看，需要升级什么的你就看着办！有前途啊，我最喜欢有专长的人才了！"小伙子一阵激动："田处长，您放心，我一定好好干！"几天之内，小伙子天天加班，把单位的几台电脑整修了一遍，田处长高兴地说："小陈啊，我不会委屈人才，忙过了这一段，我就一定要提拔你！"小伙子乐得天天"溜"着处长，甚至还跑到处长家里教处长儿子学电脑，单位里的同事看到小伙子这么卖力，却只是暗暗摇头。一个月、两个月、三个月……田处长的"提拔"还是没消息，实在忍不住了，小伙子跑去问田处长，他支吾以对："这个嘛，我还得再研究一下！"小伙子心里真是又急又气。同事老张拍着小伙子肩膀说："认了吧！田处长的话不能信，4年前他就说提拔我当科长，我现在还不是小科员！"

不久后，处里的工作出现了个大纰漏，田处长急得跳脚，可就是没有人愿意帮他，最后他被降职外调了，大家乐得直鼓掌："支票机总算走了！"

做领导的有一种失败，是最不受人同情的，那就是把大家当阿斗，随意哄骗。用得着大家时，又是许愿又是承诺，好话堆满一箩筐，说得大家纷纷为其效命；而当用不着时，极尽委蛇之能事，记性也不好了，以前说过的全忘了。这样的领导失去了群众基础，失去了人心，一旦遇到什么工作失误或是错误，立刻就会墙倒众人推，无可挽回地一败涂地。因此当领导的一定要一诺千金，这样在与下属打交道时才会成功。

中华民族有一个古老的传统，那就是对信用与名誉的注重。曾有个"抱柱守信"的故事，讲道：古时候有个年轻人，和人相约在桥下会面。他等了许久，约会的人不见来。一会儿，河水上涨，漫过桥来，他为了守信，死死地抱住桥柱，一个心眼地等待着友人的到来。河水越涨越高，竟把他淹死了。这位年轻人抱柱而死的行为尽管有点迂腐，然而，那种"言必信，行必果"的品格，却是永远值得人们敬佩的。

有些人口头上对任何事都"没问题"、"一句话，包在我身上"，一口承诺；可是，嘴上承诺，脑中遗忘，或脑中虽未遗忘，但不尽力，办到了就吹嘘，办不到就噤若寒蝉。这种把承诺视作儿戏，是对朋友不负责的行为，迟早为人所抛弃。

轻易对别人许诺，说明你根本就没考虑所办一件事情可能遇到的种种困难。这样，困难一来，你就只会干瞪眼。从而给人留下了"不守信用"的印象。许诺越多，问题越多。所以，"轻诺"是必然"寡信"的。

有许多诺言是否能兑现得了，不只是决定于主观的努力，还有客观条件的因素。有些照正常的情况是可以办到的事，后来因为客观条件起了变化，一时办不到，这是常有的事。因此，我们在工作中，不要轻率许诺，许诺时不要斩钉截铁地拍胸脯，应留一定的余地。当然，这种留有余地是为了不使对方从希望的高峰坠入失望的深谷，而不是给自己不努力埋契机。自己必须竭尽全力。如果你没有把握，就不要向人许诺。迫不得已时，就要实事求是，有几分把握说几分，这样时间长了，人家才会信任你，把你当成靠得住的人。

工作越位是个危险的动作

越位是一个非常危险的动作，因为这种行为打破了原有的秩序，给事情的发展带来了不可预料的变数。

在工作中，越位是最要不得的。

杜刚进入社会不久，血气方刚，雄心勃勃。到单位上班不久，他就积了一肚子的意见。在他看来顶头上司胡科长是个无能的人，只会媚上，把工作处理得一团糟，他实在无法忍受在这样一个人手下工作。所以他找了个机会跟局领导谈了自己的想法，领导很认真地听取了他的意见，还表示尽快做出处理。果然，一个星期后，胡科长被调走了，局里又派了一位姓陆的科长，陆科长很有能力，没几天就把科里的工作理得一清二楚，这让杜刚佩服不已。然而杜刚也没能在这个科里待多久，很快有个到基层工作的名额，陆科长认为杜刚很有能力，就推荐他去了。

这种越位是很愚蠢的，越级指责顶头上司只会让自己处境艰难，新的上司也会把你当成威胁，谁知道你会不会再做出同样的事。

还有一种越位叫越级报告，在工作中，越级报告意味着越过顶头上司，向更高层的上级说明你的看法，来争取权益。

某科研所的外文资料室负责人王涛就是在这方面缺乏经验的年轻人。当上级布置了需要大量翻译外文资料以供科研任务使用的项目之后，所里的领导反复斟酌，有些犹豫，一时难以下决心，拿不出可行性方案。这时王涛就越过所里的领导，直接向上级自告奋勇，说承担这种任务没有问题。这种做法无疑伤害了所领导的感情，其实王涛完全可以找所领导适当地谈一谈，从分担压力、分担忧愁的角度，替领导着想。这样不仅有助于领导解决难题，也使他对你加深了好印象。王涛错误的做法的关键就是他不是替领导着想，而是在潜意识中认为领导无能。这样不仅不是帮领导解决难题，给予安慰和分忧，而是给予压力和刺激。当你伤害了直接领导的感情的时候，上级领导对你也不会赏识和满意的。

若想任何事情都回避顶头上司，这并非是个好主意。尝试越级报告的人，往往会伤害到自己。即使你是"对的"，你仍不免破坏单位的运行秩序，并使高级主管头痛。即使你很幸运地成功了，高级主管也会心存芥蒂，认为你对他们也可能采取同样的行动。

越级报告的酝酿并不难觉察，谁是越级报告者，也经常很难隐瞒。对于这一类的行动，上级可以采取许多防范措施，并且通常能够在你行动之前就将事情摆平。

一般来说，促使一个人采取越级报告的行动，不外乎是处在下列几种状况之下：

①我早该升职了，但是上级就不这样做，甚至连提都不提。

②工作部门运行不佳，但上级却加以掩饰，上面的人如果知道了，一定会引起震动。

③上级对不尽责的人迁就，却给我一大堆工作，他对我不关心，也不在乎我到底做了些什么。

④上级知道我比他能干。他既恨又怕，因此压制我，老是让我做吃力不讨好的工作。他绝不会让别人知道我杰出的表现，他怕我升得比他快，他也把我的功劳据为己有。

⑤上级工作不力，影响组织的工作效率。

"不在其位，不谋其政"，有野心你也得慢慢来，想通过越位来一步登天的人其实是在做南辕北辙的事。

学会与不同类型的人打交道

林子大了什么鸟都有。人的性格千差万别，同一种方法，对甲有效，放到乙身上也许完全没有作用。因此，要想办事有成，离不开细心观察摸清对方的脾气秉性，如果对方是素食主义者，就不能端上来大鱼大肉。只有看人下菜，区别对待，才能做到有的放矢，将事情办好。

①与对人冷淡的人交往

生活中常常有这样一些人，他们往往是我行我素，对人冷若冰霜。尽管你客客气气地跟他寒暄、打招呼，他却总是爱理不理，不会做出你所期待的反应。和这类人交涉事情，的确让人感到不自在、不舒服。但出于工作、办事的需要，我们往往又不得不与他们来往。那么，在这种情况下，我们要不要为了维护自己的自尊心，也采取一种相应的冷淡态度呢？

从形式上看，似乎他怎样对你，你当然可以以同样的方式去对待他。但是，这种想法是不恰当的。在这种人中，他们的这种冷淡并不是由于他们对你有意见而故意这样做，实际上这是他们本身的性格。尽管你主观上认为他们的做法使你的自尊心受到伤害，但这未必是他们的本意。因此，你完全不要去计较它，更不要以自己的主观感受去判断对方的心态，以至于做出一种冷淡的反应。这样，常常会把事情弄糟。

其实，尽管性格冷淡的人一般说来兴趣和爱好比较少，也不太爱和别人沟通。但是，他们也有自己追求和关心的事，只是别人不大了解而已。所以，在与这类人交涉事情时，不仅不能冷淡，反而应该多花些功夫，仔细观察，注意他的一举一动，从他的言行中，寻找出他真正关心的事来。一旦你触到他所热心的话题，对方很可能马上会一扫往常那种死板冷淡的表情，而表现出相当大的热情。

与这种人打交道，更多的是要有耐心，要循序渐进，要设身处地为他们着想，维护其利益，逐渐使他们去接受一些新的事物，从而改变和调整他们的心态。这样，遇到事时，托到他们头上也不会轻易碰钉子。

②与傲慢的人交往

在日常交往中，还有些人自视清高，目中无人，表现出一副"惟我独尊"的样子。与这种举止无礼、态度傲慢的人打交道，实在是一件令人难受的事情。可是，如果我们在办事过程中不得不与这种人接触，又当如何呢？

有人说，对这种人就必须以牙还牙。他傲慢无礼，我便故意怠慢他。这种做法在适当的时候也许是必要的，但它更多的只是一种从感情出发的表现。似乎对方的傲慢清高对我们是一种侮辱，于是，我们也要用这种方式去回击他。而当我们思考一下自己的目的和处境时，则应该寻求某种更适当的方式。因为，如果他傲慢，你怠慢，便很可能使交往无法进行下去，这显然对于办事不力。所以，我们应该从如何使自己办事成功出发，来选择自己的行为方式。

③与不爱说话的人交往

和不爱开口的人交涉事情，是非常吃力的。对方太过沉默，你就没办法了解他的想法，更无从得知他对你是否有好感。

对于这种人，一定要想办法让他说话，最好采取直截了当的方式，让他明确表示"是"或"不是"，"行"或"不行"，尽量避免迂回式的谈话，你不妨直接地问："对于 A 和 B 两种办法，你认为哪种较好？是不是 A 方法好些呢？"

④与好出风头的人交往

在社会中，"好出风头"的人也不少。这种人狂妄自大，自我炫耀，自我表现欲非常强烈，总是力求证明自己比别人强，比别人正确。当遇到竞争对手时，他们总是想方设法地挤对人，不择手段地打击人，力求在各方面占上风。人们对这种人，虽然内心深处瞧不起，但是为了顾全大局，为了不伤交往中的和气，往往处处事事迁就他，让着他。这样的做法是不合适的。

中国人总是追求一种和谐，谓之"和为贵"。为了顾全大局，求大同，存小异，在某些方面做一些必要的退让，应该说是一种比较聪明的方式。"和"无疑是必要的，但如何去获得"和"，则有不同的方式。"让"是一条途径，"争"也不失为另一条必要的方式。殊不知，有些争胜逞强的人并不能理解别人的谦让，而以为真是自己了不起，由此而变本加厉地瞧不起别人，不尊重别人。对这样的人，则不能一味地迁就，而应使他知道天外有天，山外有山。迁就只适用那些比较有理智的人，而对于不明智的人，不妨给他点儿厉害，挫挫他的傲气。

⑤与性情暴躁的人交往

性情暴躁的人，通常是那种好冲动，做事欠考虑，思想比较简单，喜欢感情用事，行动如疾风暴雨似的人。和这种人交涉事情时，应该谨慎，否则稍有得罪，他便捶胸顿足，怒不可遏，甚至拳脚相见，实在是不划算。也正是这样，许多人都不愿意和这种性情暴躁的人来往。其实，这是一种对人认识不足的偏见。

当然，性情暴躁是一个缺点，它容易伤害人，并且常常表现为蛮横无理。但是，这种人也有优点，而这正是我们可以利用的重要基础。

首先，这种人常常比较直率。肚子里有什么，也就表现出来，不会搞阴谋诡计，也不会背后算计人。他对某人有意见，会直截了当地提出来。所以，与那些城府较深的人相比，这种人反而更好相处。

其次，这种人一般比较重义气，重感情。只要你平时对他好，尊敬他，视之为朋友，他会加倍报答你，并维护你的利益。所以，和这种人共事，不一定非要那么客套，或讲什么大道理。你只要以诚相待，他必定以心相对。

⑥与草率的人交往

与草率决断的人办事要确信他领会了你的意思。这种类型的人，乍看好像反应很快，他常常在交涉进行到最高潮时，忽然做出决断，予人"迅雷不及掩耳"的感觉。由于这种人多半是性子太急了，因此，有的时候为了表现自己的"果断"，决定就会显得随便而草率。

这样的人，经常会"错误地领会别人的意图"，由于他的"反应"太快，常常会对事物产生错觉和误解。没有耐心听完别人的谈话，就"断章取义"，自以为是地做出决断。如此，虽使交涉进行较快，但草率做出的决定，多半会留下后遗症，招致意料不到的枝节发生。

与这种人打交道，最好要按部就班地来，最好把事情分成若干段，说完一段（一部分）之后，马上征求他的意见，没问题了再继续进行下去，如此才不致发生错误，也可免除不必要的麻烦。

与人打交道要讲艺术，若是不分人，只论事，和什么人办事都一套办法用到底，那无异于盲人骑瞎马，事办不成不说，还有把人给惹火的危险。

远离小人也别得罪小人

孔子说："世间唯女子与小人难养也，近之则逊，远之则怨。"小人成事不足，败事有余。如果你这辈子叫小人盯上了，那么肯定就麻烦大了。小人没有什么事好做，因此他可以专心致志地琢磨你，并把这当作专业。

"小人"没有特别的样子，脸上也没写上"小人"二字，有些"小人"甚至还长得帅，有口才也有内才，一副"大将之才"的样子，根本让你想象不到。所以，在做人及交际过程中，为了自己的利益，必须小心谨慎，处理好和"小人"的关系。

会做人的聪明者能妥善处理和"小人"的关系，主要是能把握以下几个原则：

①不得罪他们。一般来说，"小人"比"君子"敏感，心里也常常比较自卑，因此你不要在言语上刺激他们，也不要在利益上得罪他们，尤其不要为了"正义"而去揭发他们，那只会伤害了你自己！自古以来，君子常常斗不过小人，让有力量的人去处理吧！

②保持距离。别和小人过度亲近，保持淡淡的同事关系就可以了，但也不要太过疏远，好像不把他们放在眼里似的，否则他们会这样想："你有什么了不起？"于是你就要倒霉了。

③小心说话。说些"今天天气很好"的话就可以了，如果谈了别人的隐私，谈了某人的不是，或是发了某些牢骚不平，这些话很可能会变成他们兴风作浪和整你的资料。

④不要有利益瓜葛。小人常成群结党，霸占利益，形成势力，你如果功夫还没练到家，就千万不要想靠近他们来获得利益，因为你一旦得到利益，他们必会要求相当的回报，甚至就如鼻涕那般黏着你不放，想脱身都不可能！

⑤吃些小亏无妨。"小人"有时也会因无心之过而伤害了你。如果是小亏，就算了，因为你找他们不但讨不到公道，反而会结下更大的仇。所以，原谅他们吧！

当你认清了与"小人"交往的隐患，并坚持做到上述几点，你就能和"小人"相安无事了。

顺着别人的意图才能达成自己的意图

顺着别人的意图来，首先是促成与对方合作的一个前提和推动力量，但更主要的，这样做可以更顺利地达到自己的目的。

罗斯福做纽约州长的时候，完成了一项项特殊事业。他与其他政治首脑们感情并不好，但他却能推行他们最不喜欢的改革。

他是如何做的呢？

当有重要位置需要补缺的时候，罗斯福请政治首脑们推荐。

"最初，"罗斯福说，"他们会推荐一个能力很差的人选，一个需要'照顾'的那种人。我就告诉他们，任命这样一个人，我不能算是一个好的政治家，因为公众不会同意。

"然后，他们向我提出另一个工作不主动的候选人，是来混差事的那种人。这个人工作没有失误，但也不会有什么很好的政绩，我就告诉他们，这个人也不能满足公众的期望，我请他们看看，能不能找到一个更适合这个位置的人。

"他们的第三个提议是一个差不多够格的人，但也不十分合适。

"于是我感谢他们，请他们再试一次。他们这时就提出了我自己选中的那个人。我对他们的帮助表示感谢，然后我说就任命这个人吧。我让他们得到了推荐人选的功劳……我请他们帮我做这些事，为的是使他们愉快，现在轮到他们使我愉快了。"

他们真的这样做了。

他们赞成各种改革，如公民服役案、免税案等等，这使罗斯福工作愉快。

当罗斯福任命重要人员时，他使首脑们真正地感觉到，是他们"自己"选择了候选人，那个任命是他们最早提出的。

艾登·博格基尼是美国著名的音乐经纪人之一。他曾做过许多世界著名演唱家的经纪人，并且十分成功。

众所周知，明星是最难处的，由于舆论和社会的吹捧，他们的身价十足。这从客观上使他们形成了一种孤高、不可一世的气质。他们那种不合作的态度时常令一些音乐经纪人十分头痛。

卡尼斯·基尔勃格是美国著名的男高音歌唱明星，他那浑厚、激昂的声音赢得了众人的青睐。但就是这种青睐，使他养成了一种坏脾气。但是，艾登·博格基尼却成功地做了他的音乐经纪人达 5 年之久。说到其中奥妙，艾登·博格基尼谈了一件令他难忘的事：

一次演出的头天晚上，卡尼斯·基尔勃格在与朋友的聚会上不小心吃了一块辣椒。结果可想而知。万幸的是及时采取了措施，还没有什么大的妨碍。

当天下午 4 点，卡尼斯·基尔勃格打电话给艾登·博格基尼，说他的嗓子又痛了起来，无法演出。

这下急坏了博格基尼，他立刻赶到了基尔勃格的住所，询问他的情况。他十分明智，没有提当天晚上的事，只是叮嘱他好好休息。

下午 6 点，博格基尼又来询问了一次，基尔勃格看起来仍十分难受，博格基尼只好压住焦急的情绪，安慰了他几句。

晚上 7 点，仍不见好转，博格基尼对基尔勃格说："既然你仍不能进入状态，那就只好取消这次演出了，虽然这会使你少收入几千美元，但这比起你的荣誉来，算不了什么。"

就在博格基尼驱车前往纽约歌剧院，打算取消这次演出时，基尔勃格终于打电话来了，他说他愿意参加今天晚上的演出，因为，如果他不这样做的话，他就对不起博格基尼了，是博格基尼的慰藉使他恢复了状态。

在这两个故事中，罗斯福和博格基尼都没有直接说出自己的意思，而是顺着对方的意图，晓以利害，这样就使他们自觉地回到罗斯福和博格基尼的"圈套"里来了。所以说，"顺着别人的意图"其实是一种高明的策划手段，既达到目的，又不露痕迹。

没有人喜欢觉得他是被强迫购买或遵守命令行事。买主会说："我们宁愿觉得是出于自愿去购买这些东西，或者是按照我们自己的想法来做事。我们很高兴有人来探询我们的愿望和我们需要的东西，以及我们的想法。"

对于推销员来说，应该把顾客推到台前，而自己应隐身幕后。因为如果把产品和顾客自身的风光感受联系在一起，他们就乐于接受了。这种手段无疑会大大提高业绩。

同样的道理，做人也应如此，顺着别人的思路来，往往能在交往中无阻无碍，办事时顺顺利利。

第六章
会说话是成功处世的一把利器

　　人情世故如此复杂，处世的学问如此精奥，如何才能举重若轻地处理形形色色的问题呢？方法之一就是提高自己的说话水平，因为会说话的人能够把握好火候，拿捏好办事的分寸，能够使复杂的问题在三言两语之间得以解决。

恰当回答一些不容易回答的问题

　　有的问题不论你回答"是"或"否"都可能给你带来麻烦的。面对这样的问题，先不要急于给出答案，一定要想好了再说。

　　一些让人难以回答的问题，经常会带有明显的挑衅色彩，这时候你可以采用同样的方式对它进行巧妙地回击。

　　乡间，一无赖站在十字路口拦住一位过路的姑娘："你说，我是要往东去，还是要往西去？猜中了就放你走。"对此，姑娘怎么答都不会对，因为他的问话中，并非非此即彼，还有南和北。这时，姑娘掏出手绢揉成一团："女士优先。请让我先问你一个问题好吗？"无赖有恃无恐，便答应了。姑娘便说："你猜猜，我这手绢是要丢向东边，还是丢向西边？"无赖当然同样不能答，只好让姑娘走了。

面对不同的对象，就要选择不同的回答方式，对待朋友的提问，你可以采用自嘲的方式，让问题偏向对自己有利的方面。

某先生酷爱下棋，但又好面子。一次与一高手对局，连输三局。别人问他胜败如何，他回答道："第一局，他没有输；第二局，我没有赢；第三局，本是和局，可他又不肯。"乍一听来，似乎他一局也没有输；第一局他没输，不等于我输，因下棋还有个和局；第二局我没赢，也不等于我输，还有和局嘛；第三局也不等于我输，本是和局，可他争强好胜，我让他了。

这样的回答，就比直接说："我输了三局"要高明得多。

在一些特殊情况下，面对一些复杂问语，也要三思而后作答，否则，很容易就会掉进别人的陷阱里。

一次邻居盗走了华盛顿的马。华盛顿和警察一道在邻居的农场里找到了马，可是邻居硬说马是自己的，不肯把马交出。华盛顿想了一下，用双手将马的双眼捂住说："既然这马是你的，那么，你说出它的哪只眼睛是瞎的？""右眼。"邻居回答说。华盛顿把手从马的右眼离开，马的右眼光彩照人。"啊，我弄错了，"邻居纠正说，"是左眼！"华盛顿把左手也移开，马的左眼也光亮亮的。"糟糕！我又错了。"邻居为自己辩解说。"够了够了！"警察说，"这已经足以证明这马不属于你！华盛顿先生，我们把马牵走吧！"

邻居为什么被识破？因为华盛顿善于利用思维定式，先使邻居在心理上认定马的眼睛有一只是瞎的，这在心理学上被称作"沉锚效应"。邻居受一句"它的哪只眼睛是瞎的"暗示，认定了"马有一只眼睛是瞎的"，所以，猜完了右眼猜左眼，就是想不到马的眼睛根本没瞎，华盛顿只不过是要让他当场现原形。

复杂问语就是这种利用"沉锚效应"隐含着某种错误假定的问语。对这种问语，无论采取肯定还是否定的答复，结果都得承认问语中的错误假定，从而落入问者圈套。如一个人被告偷窃了别人的东西，但又死不承认偷过。这时审问者便问："那么你以后还偷不偷别人的东西？"无论其回答"偷"还是"不偷"，都陷入审问者问语中隐含的"你是偷了别人的东西"这个错误假定中。

对这类问题，不能回答，只能反问对方，或假装糊涂，不明白对方问语的意思。

要想恰当地回答好别人提出的问题，就要多动动脑子，争取摆脱"二难"问题的困境，掌握谈话的主动权，如果不假思索，脱口而出，通常只会给自己带来很多难以解决的问题和麻烦。

不做没有把握的承诺

当同事或亲友托你办某事时，当上司委托你做某事时，请你一定不要不假思索地满口应承。至少也要冷静 1 分钟，在大脑中转一个圈子，考虑这件事自己能不能办得到、办得好。把自己的能力与事情的难易程度以及客观条件是否具备结合起来统筹考虑然后再做决定。

为同事或亲友办事，应该是自己应尽的责任，如果不帮他办，可能会感觉情理上不太对劲，有时事情尽管很难办，也不得不勉强答应；作为下级，对于上司委托给自己的事，虽然不乐意，但又不好拒绝。这种搪塞性的应承，可能会对自己产生不利。但是，如果为了一时的情面接受自己根本无法做到或无法做好的事情，一旦失败了，同事、亲友、上司就不会考虑到你当初的热忱，只会以这次失败的结果来评价你。

所以，最好不要轻率地对朋友做出许诺，而是要三思而后行。尽量不说"这事没问题，包在我身上了"之类的话，给自己留一点余地。顺口的承诺，只是一条会勒紧自己脖子的绳索。

前几年春节联欢晚会上曾演出这样一个小品：一个老实巴交的人担心自己的领导和同事会看不起自己，就假装自己手眼通天，别人求他办事，不管有多大困难一概来者不拒。为了帮别人买两张卧铺票，不惜自己通宵排队，结果不但自己吃苦不说，还闹出了一连串的笑话。

有时候，一些关系不错的朋友托我们办事时，我们为了保全自己的面子，或为给对方一个台阶，往往对对方提出的一些要求，不加分析地加以接受。但不少事情并不是你想办就能办到的，有时受各种条件、能力的限制，一些事是很可能办不成的。因此，当朋友提出托你办事的要求时，你首先得考虑这事你是否有能力办成，如果办不成，你就得老老实实地说，我不行。随便夸下海口或碍于情面都是于事无补的。

有人来托你办一件事，这人必有计划而来，最低限度，他已准备好怎样说。你这方面，却一点儿准备都没有，所以，他可是稳占上风的。

他请托的事，可为或不可为，或者是介乎两者之间，你的答复是怎样呢？许多人都会采取拖的手法。"让我想想看，好吗？"这话常常会被运用。

有些时候，许多人会做一种不自觉的承诺，所谓"不自觉的承诺"，就是"自己本来并未答允，但在别人看来，你已有了承诺"。这种现象，是由于每一个人都有怕"难为情"的心理，拒绝属于难为情之类，所以拒绝的话总是难以说出口，结果被对方认为你已经答应了。

但要记住，现在大多数人都喜欢"言出必行"的人，却很少有人会用宽宏的态度去谅解你不能履行某一件事的原因。因此，拿破仑说："我从不轻易承诺，因为承诺会变成不可自拔的错误。"

"你的承诺和欠别人的一样重要。"这是人们的普遍心理。

当对方没有得到你的承诺时，他不会心存希望，更不会毫无价值的焦急等待，自然也不会有被拒绝的惨痛。相反，你若承诺，无疑在他心里播种下希望，此时，他可能拒绝外界的其他诱惑，一心指望你的承诺能得以兑现，结果你很可能毁灭他已经制定的美好计划，或者使他延误寻求其他外援的机会，一旦你给他的希望落空，那将是扼杀了他的希望。

并且如此一来，你的形象就会大跌，别人因你不能信守承诺而不相信你了，别人也不再愿与你共事，不愿再与你打交道，那么，你只能去孤军奋战。有些人在生活或工作上经常不负责，许下各种承诺，而不能兑现承诺，结果给别人留下恶劣印象。如果承诺某种事，就必须办到，如果你办不到，或不愿去办，就不要答应别人。

生活中有许多人都把握不了承诺的分寸，他们的承诺很轻率，不给自己留下丝毫的余地，结果使许下的诺言不能实现。

因此，我们在工作中，不要轻率许诺，许诺时不要斩钉截铁地拍胸脯，应留一定的余地。

事物总是发展变化的，你原来可以轻松地做到的事可能会因为时间的推移、环境的变化而有了一定的难度。如果你轻易承诺下来，会给自己以后的行动增加困难，对方会因为你现在的承诺而导致将来的失望。所以，即使是自己能办的事，也不要轻易承诺，不然一旦遇上某种变故，使本来能办成的事没能办成，这样一来，你在别人眼里就成了一个言而无信的伪君子。对时间跨度较大的事情，可以采取延缓性承诺。

比如：有人要求老板给自己加薪，老板可以这么说："要是年终结算公司经济效益好，公司可以给你晋升一级工资。"用"年终结算"一语表示实现承诺时间的延缓，显得既留有余地，又入情入理。

对不是自己所能独立解决的问题，应采取隐含前提条件的承诺。

如果你所做的承诺，不能自己单独完成，还要求别人帮忙，那么你在承诺中可带一定的限制。比如：你承诺帮朋友办理家属落户的问题，这涉及公安部门和国家有关政策，你不妨这样说更恰当一点："如果以后公安部门办理农转非户口，而且你的条件又符合有关政策，我一定帮忙。"这里就用"公安部门办理"、"符合有关政策"等对承诺的内容做了必要的限制，既见自己的诚意，又话语灵活，具有分寸，还向对方暗示了自己的难处（也要求别人），真是一石三鸟。

为人处事，应当讲究言而有信，行而有果。因此，承诺不可随意为之，信口开河。明智者事先会充分地估计客观条件，尽可能不做那些没有把握的承诺。

须知，有了承诺，就应该努力做到，千万不要乱开"空头支票"，不然不仅伤害了对方，还会毁坏自己的声誉，使你在社会上难有立足之处。

拒绝也要讲究技巧

任何人都有得到别人理解与帮助的需要，任何人也都常常会收到来自别人的请求和希望。可是，在现实生活中，谁也无法做到有求必应，所以，掌握好说"不"的分寸和技巧就显得很有必要。

人都是有自尊心的，一个人有求于别人时，往往都带着惴惴不安的心理。如果别人求到你，而你一开口就说"不行"，势必会伤害对方的自尊心，引起对方强烈的反感。如果你能在话语中让他感觉到"不"的意思，从而委婉地拒绝对方，就能够收到良好的效果。

要拒绝、制止或反对对方的某些要求、行为时，你可以利用某种含糊的原因作为借口，避免与对方直接对立。比如，你的同事向你推销一套家具，而你却并不需要，这时候，你可以对对方说："这样的家具确实比较便宜，只是我也弄不清楚究竟怎样的家具更适合现代家庭，据说有些人对家具的要求是比较复杂的。我的信息也太缺乏了。"

在这种情况下，同事只好带着莫名其妙或似懂非懂的表情离去，因为他们听出了"不买"的意思，想要继续说服你什么"更适合现代的家庭"，却是一个十分笼统而模糊的概念。这样，即使同事想组织"第二次进攻"，也因为找不到明确的目标而只好作罢。

当别人有求于你的时候，很可能是在万不得已的情况下才来请你帮忙的，其心情多半是既无奈而又感到不好意思。所以，先不要急着拒绝对方，而应该尊重对方的愿望，从头到尾认真听完对方的请求，先说一些关心、同情的话，然后再讲清实际情况，说明无法接受要求的理由。由于先说了一些让人听了产生共鸣的话，对方才能相信你所陈述的情况是真实的，相信你的拒绝是出于无奈，因而也能够理解你。

例如有个朋友想请长假外出经商，来找某医院的医生朋友，想让他出具一份假的肝炎病历和报告单。对此作假行为医院早已多次明令禁止，一经查实要严肃处理。于是该医生就婉转地把他的难处讲给朋友听，最后朋友说："我一时没想那么多，经你这么一说，我也觉得这个办法不行。"

这样的拒绝，既不会影响朋友间的感情，又能体现出你的善意和坦诚。

拒绝对方，你还可以幽默轻松、委婉含蓄地表明自己的立场，那样既可以达到拒绝的目的，又可以使双方摆脱尴尬处境，活跃融洽气氛。

美国总统富兰克林·罗斯福在就任总统之前，曾在海军部担任要职。有一次，他的一位好朋友向他打听在加勒比海一个小岛上建立潜艇基地的计划。罗斯福神秘地向四周看了看，压低声音问道："你能保密吗？""当然能。""那么"，罗斯福微笑地看着他，"我也能。"

富兰克林·罗斯福用轻松幽默的语言委婉含蓄地拒绝了对方，在朋友面前既坚持了不能泄密的原则立场，又没有使朋友陷入难堪，取得了极好的语言交际效果。在罗斯福死后多年，这位朋友还能愉快地谈及这段总统轶事。相反，如果罗斯福表情严肃、义正词严地加以拒绝，甚至心怀疑虑，认真盘问对方为什么打听这个、有什么目的、受谁指使，岂不是小题大做、有煞风景？其结果必然是两人之间的友情出现裂痕甚至危机。

委婉的拒绝能让对方知难而退。例如，有人想让庄子去做官，庄子并未直接拒绝，而是打了一个比方，说："你看到太庙里被当作供品的牛马吗？当它尚未被宰杀时，披着华丽的布料，吃着最好的饲料，的确风光，但一到了太庙，被宰杀成为牺牲品，再想自由自在地生活着，可能吗？"庄子虽没有正面回答，但一个很贴切的比喻已经回答了，让他去做官是不可能的，对方自然也就不再坚持了。

其实，拒绝别人的方式有很多种，你可以给自己找个漂亮的借口，或者运用缓兵之计，当着对方的面暂时不做答复。或者用一种模糊笼统的方式让对方从中感受到你对他的请求不感兴趣，从而达到巧妙的拒绝效果。

善用正话反说的技巧

面对别人不适当的言行，有时候不宜直接回击，而将正话反说，委婉地点拨对方，则既能够巧妙地表明自己的态度，又能避免伤害对方，

不致造成过分尴尬的局面。

楚庄王的一匹爱马死了，他非常伤心，下令以上等棺木，行大夫礼节厚葬。文臣武将纷纷劝阻也无济于事，最后楚庄王还下决心说："谁敢再劝阻，一定要杀死他。"

很明显，不论怎样改头换面，只要一说"不"，必是自取其辱。优孟知道了，直入宫门，仰天大哭，倒把庄王弄得异常纳闷，迫不及待地问是怎么回事。优孟说："那马是大王最喜欢的，却要以大夫的礼节安葬它，太寒酸了，请用君王的礼节吧！"庄王越发想知道理由了，优孟继续说："请以美玉雕成棺……让各国使节共同举哀，以最高的礼仪祭祀它。让各国诸侯听到后，都知道大王以人为贱而以马为贵啊。"至此庄王恍然大悟，赶紧请教优孟如何弥补自己的过失。终于将马付予庖厨，烹而食之。

以优孟地位之微，如果直陈利弊，凛然赴义，固然令人肃然起敬。但最终的结果却令人实在难以想象，而他正话反说，却能巧妙地达到自己的目的。

反语是语言艺术中的迂回术。正话反说以彻底的委婉，欲擒故纵，取得合适的说话角度，达到比直言陈说更为有效的说服效果。

齐国有一个人得罪了齐景公，齐景公大怒，命人将这个胆大包天的人绑在了殿下，要召集左右武士来肢解这个人。为了防止别人干预他这次杀人举动，他甚至下令："有敢于劝谏者，也定斩不误。"文武百官见国王发了这么大的火，谁还敢上前自讨杀头之冤。晏子见武士们要对那人杀头肢解，急忙上前说："让我先试第一刀。"众人都觉得十分奇怪：晏相国平时是从不亲手杀人的，今天怎么啦？只见晏子左手抓着那个人的头，右手磨着刀，突然仰面向坐在一旁的齐景公问道："古代贤明的君主要肢解人，你知道是从哪里开始下刀吗？"齐景公赶忙离开座席，一边摇手一边说："别动手，别动手，把这人放了吧，过错在寡人。"那个人早已吓得半死，等他从惊悸中恢复过来，真不敢相信头还在自己身上，连忙向晏子磕了三个大响头，死里逃生般地走了。

晏子在齐景公身边，经常通过这种正话反说的方法，迫使齐景公改变一些荒谬的决定。比如，有一个马夫有一次杀掉了齐景公曾经骑过的老马。原来是那匹马生了病，久治不愈，马夫害怕它把疾病传染给马群，就把这匹马给宰杀了。齐景公知道后，心疼死了，就斥责那个马夫，一气之下竟亲自操戈要杀死这个马夫。马夫没想到国君为了一匹老病马竟会杀了自己，早已吓得面如土色。晏子在一旁看见了，就急忙抓住齐景公手中的戈，对景公说："你这样急着杀死他，使他连自己的罪过都不知道就死了。我请求为你历数他的罪过，然后再杀也不迟。"齐景公说："好吧，我就让你处置这个浑蛋。"

晏子举着戈走近马夫，对他说："你为我们的国君养马，却把马给杀掉了，此罪当死。你使我们的国君因为马被杀而不得不杀掉养马的人，此罪又当死。你使我们的国君因为马被杀而杀掉了养马人的事，传遍四邻诸侯，使得人人皆知我们的国君爱马不爱人，得一不仁不义之名，此罪又当死。鉴于此，非杀了你不可。"晏子还要再说什么，齐景公连忙说："夫子放了他吧，免得让我落个不仁的恶名，让天下人笑话。"就这样，那个马夫也被晏子巧妙地救了下来。

我们发现：正话反说可以放大荒谬，让人更为清楚地见到荒谬的真面目，从而达到更好的劝谏效果。

汉武帝刘彻的乳母曾经在宫外犯了罪，武帝知道后，想依法处置她。乳母想起了能言善辩的东方朔，请他搭救。东方朔对她说："这不是唇舌之争，你如果想获得解救，就在将抓走你的时候，只是不断地回头注视武帝，但千万不要说一句话，这样做，也许有一线希望。"当传讯这位乳母时，这位乳母有意走到武帝面前，要向他辞行。只见乳母面带愁容地不停地看着汉武帝。于是，东方朔就对乳母说："你也太痴了，皇帝现在已经长大了，哪里还会靠你的乳汁养活呢？"武帝听出东方朔是话中有话，面部顿时露出凄然难堪之色，当即赦免了乳母的罪过。

总之，说反话的效果源于它的"显微镜"作用，荒谬之上再加上更荒谬，则荒谬就无处躲藏，显而易见了。

幽默可以有效地化解矛盾

弗洛伊德说："最幽默的人，是最能适应的人。"

人生常常有许多尴尬的时刻，在那一瞬间，我们的尊严被人有意或无意冒犯，或者被喜欢恶作剧者当众将了一军。此时，有的人感到自己丢尽了脸面，无地自容，恨不能把头扎进裤裆里去。可是有些人却不，他们会面不改色，从容自若地谈笑如故，将有伤自己脸面的难局一一化解。

著名电影导演希区柯克有一次拍摄一部巨片。这部巨片的女主角是个大明星、大美人。可她对自己的形象"精益求精"，不停地唠叨摄影机的角度问题。她一再对希区柯克说，务必从她"最好的一面"来拍摄，"你一定得考虑到我的恳求"。

"抱歉，我做不到！"希区柯克大声说。

"为什么？"

"因为我没法拍你最好的一面，你正把它压在椅子上！"

面对别人苛刻的意见和要求，恰当地回敬对方一个幽默，能够巧妙地表明你的看法和立场，而且不至于让场面过分尴尬。同样，当别人故意找碴，妨碍你工作的时候，运用幽默的力量也能够有效地处理好眼前的问题。

有一次，一位女士怒气冲冲地走进食品商店，对营业员喝道："我儿子在你们这儿买果酱，为什么缺斤少两？"服务员一愣，待她猜中原因后，很有礼貌地说："请您回去称称孩子，看他是否变重了。"这位妈妈恍然大悟，脸上怒气全消，心平气和地对服务员说："噢，对不起，误会了。"

这里，服务员小姐认准了自己不会称错，便只剩下一种可能，即小孩子把果酱偷吃了。如果明说"我不会搞错的，肯定是你儿子偷吃了"，或者说"你不找自己的儿子倒来问我称错没有，真是莫名其妙"，这不但不会平息顾客的怒气，反会引发一场更大的争论。因此，服务员用幽默委婉的语气指出妇女忽视了的问题，既维护了商店的信誉，又避免了一场争吵，赢得了顾客的好评。

幽默是人际交往中的润滑剂，更是一种智慧的表现和心态的放松。人投身于社会中，总会遭遇无数的痛苦、悲伤以及困苦，如果你善于运用幽默的力量，能够主动地去创造幽默，那世界一定会充满了欢笑，也可能化解不少的纷争。面对别人的一些不适当的言行，处处针锋相对，只会让矛盾越积越深，而运用幽默的力量，则能够打破紧张的局面，使自己和对方各种各样不愉快的心情，顷刻间烟消云散。而且凭着你的幽默风格，你还可以同别人建立起一种良好的关系，受到别人的喜爱和支持，做起事来自然事半功倍。

学会分辨别人的场面话

"场面话"指的是人们为了某种交际的需要而说的话，是指人们在应对各种关系时常说的一种话，它不一定是真话，但却是一种生存的智慧，一种掩饰真诚的工具。

一般来说，"场面话"有以下几种：

——当面称赞人的话。诸如称赞你的小孩可爱聪明，称赞你的衣服大方漂亮，称赞你教子有方……这种场面话所说的有的是实情，有的则与事实有相当的差距，听起来虽然"恶心"，但只要不太离谱，听的人十之八九都感到高兴，而且旁人越多他越高兴。

——当面答应人的话，诸如"我全力帮忙"、"有什么问题尽管来找我"等。这种话有时是不说不行，因为对方运用人情压力，当面拒绝，场面会很难堪，而且会马上得罪人；如果对方缠着不肯走，那更是麻烦，所以用"场面话"先打发，能帮忙就帮忙，帮不上忙或不愿意帮忙再找理由。总之，有"缓兵之计"的作用。

所以，"场面话"想不说都不行，因为不说，会对你的人际关系有所影响。

正因为"场面话"是人们交往的过程中临时说出的话，很可能只是一种敷衍，所以，最好还是不要轻信别人说出的"场面话"。

某甲在一公司服务，十几年没有升迁，于是通过朋友牵线，拜访一位管理调动的单位主管，希望能调到别的单位，因他知道那个单位有一个空缺，而且他也符合条件。

单位主管表现得非常热情，并且当面应允，说："没问题！"

某甲高高兴兴地回去等消息，谁知半个月、一个月、两个月过去，一点消息也没有，打电话去，不是不在就是"正在开会"。问朋友，朋友告诉他，那个位子已经有人捷足先登了。他很气愤地问朋友："那他为什么对我说没有问题？"他的朋友不知如何回答才好。

这件事的真相是：那位主管说了"场面话"，而某甲相信他的"场面话"！

对于别人敷衍你的"场面话"，你要保持冷静和客观，千万别为两句好话就乐昏了头，因为那会影响你的自我评价。冷静下来，反而可看出对方的用心如何。

对于拍胸脯答应的"场面话"，你只能持保留态度，以免希望越大，失望也越大；只能"姑且信之"，因为人情的变化无法预测，你既然测不出他的真心，只好保持最坏的打算。要知道对方说的是不是场面话也不难，事后求证几次，如果对方言辞闪烁，或避不见面，或避谈主题，那么对方说的就真的是"场面话"了。所以对这种"场面话"，也要有清醒的头脑，不然可能会坏了大事。

还有些人见你在工作中不大顺心、怀才不遇的时候，就劝你该如何争权和争表现的机会；也有些人见你在感情上不大顺心，两性关系走得坎坷，就会提醒你该如何经营、如何掌控；还有些人会劝你该去运动、去美容、去塑身、去买房子……他们不但劝，有时还拿一堆资料给你，有时还主动牵线，让你觉得不照着做，仿佛自己是个罪人，伤了他的心。其实，无论是哪种情况，哪种说法，对方也许都只是一种礼貌性地关心或者安慰，你大可不必拿着鸡毛当令箭，非得去照着执行。

很多时候，你所看到的表象都未必真实，如果你不懂得分辨别人的"场面话"和"真话"，却自以为"是"地照单全收，最后只会浪费自己的时间和精力。

不说没经过大脑过滤的话

社交中，一些人说话简直像不经过大脑一样，想到什么就说什么。这些话常常是不恰当的、没分寸的，结果不知不觉中就得罪了人。

宋光心地善良，乐于帮助人，可是，他却没有能够赢得别人的好感，为什么呢？原因是他说话经常得罪人。一次，他热心地为一个男同事介绍对象，他说："这个女孩，个子长得高，而且也很漂亮，你去见见，我看你们俩挺合适的。"同事很感兴趣，就向他询问了这个女孩的具体情况。当听他介绍完以后，同事觉得这个女孩条件不太适合自己，但同事不好意思对他直说，就委婉地对他说："我现在很忙，暂时还不想处朋友，等以后再说吧！"他听同事这样说，知道同事不同意，就一副不高兴的样子说："你有什么了不起呀，这也不行，那也不行，你还想找什么样的？你真是太狂了。"同事一听这话，当时就生气地说："我现在就是不想处朋友，你操哪门子心呀！不同意，就是不同意，要是真的那么好，你自己处算了，反正你也没有对象。"其实，他为朋友介绍对象，不管成与不成，同事都应该好好地感谢他才对，可是由于他说话出口伤人，引起了同事的不满，才对他以牙还牙的。本来是一件好事情，他却没有把握好，反而得罪了人，真是"费力不讨好"。现实生活中，像他这样的大有人在。

一个女孩要到深圳去闯一闯，临行前，去看望一个过去十分要好的朋友。当朋友得知她要到深圳去发展时，不但没有鼓励她，反而嘲笑她说："你在这个小地方还没混出个样来，还要到深圳去发展？深圳就缺你呀！那是什么地方？！走到街上迎面遇到三个人，两个本科生，一个博士生！中专生到那里怎么混啊！我看比你强的人，出去的也没几个发展好的，我看你还是好好想一想吧！作为朋友我提醒你，要看清自己有多大本事。"女孩听了这话，很是生气，起身离开了朋友的家。在她脑海里，始终记着朋友这句话。

作为朋友，在这个时候即使不说鼓励的话，也不应该泼冷水，这会伤害朋友的自尊心，影响日后的交往。

其实，像他们这样的人，品质并不坏，坏就坏在没有掌握说话的份寸。除非他们不说话，只要一开口，就得罪人，久而久之，人们真是从心底里不愿与这样的人来往。

在与人交往中，要不得罪人，就要注意说话的分寸，多站在他人的立场上考虑问题，为他人着想；尽量不要触怒了对方，这不利于自己人际交往的质量。同样是一句话，在不同的场合，所起的作用完全不同。一个在社交场中游刃有余的人，深知在不同的场合，哪些话该说，哪些话不该说。

小雪是福建人，来京三年多了，几天前处了个对象，条件非常好：家在本地，有房有车，人品长相都不错。同事们都十分羡慕她，说她找了一个好对象，纷纷祝贺她。可是有一个同事却说："你条件也不太好啊，怎么偏偏找了一个条件这么好的？是不是这个人有什么毛病？"本来是很愉快的心情，被她这突如其来的话就给破坏了。一个同事赶紧打圆场说："你怎么能这么说人家呢？咱们小雪条件也不差呀，皮肤又好，又苗条，个性又好，就单凭这一点，什么样的找不着啊！"那个泼冷水的同事知道自己说走了嘴，不好意思地说："我不是那个意思，真的，小雪，你可别误会。我觉得你男朋友条件太好了，与你家条件太悬殊了，我只是觉得有点不可思议。"小雪很生气："你说来说去，还是在贬低我，怎么啦，我家条件是没有他家好，那又怎么样？他就是看上我了，有什么奇怪的！少见多怪，我看你才是有毛病呢！"

这个泼冷水的同事，其实也没有什么恶意，就是不知道说话的分寸。不知道哪些话该说，哪些话不该说，这么几句话，就把人家给得罪了。假如她真的这么认为，也不该说出来，心里知道就行了，她要是不说话，谁也没有把她当哑巴看，何必说出来，惹得人家不高兴呢？闹得使自己没有台阶下。与人交往时，说话一定要有分寸，少说别人不爱听的话，以免触怒对方，影响两人关系。为了赢得别人的好感，就要注意别人的心理需求，多为对方考虑。

三策

努力谋生存：
做个明白是非得失的清醒人

生存是人的最低需求，但是，如果不是以积极的态度，力求找到解决每一个生存问题的对策，这个最低需求恐怕也难以满足。生存状况的好坏首先取决于你的头脑是否清醒，能够看明白周围的人和事。人间多是非，生活有得失，做到冷眼看世界，对一切的是非得失了然于胸，就能找到最佳的生存对策，最大限度地提高自己的生存质量。

第七章
看清自己才能踩对脚下的步点

生存就要面对各种挑战，在这个过程中必须对自己有一个正确的认识，知道自己的长处、短处，并能正确看待这些长处和短处。这就好比跳舞，只是盯着别人的脚，你就永远无法踩对步点。

能自知才能扮演好自己的人生角色

人贵有自知之明，如果没有自知之明就会痛苦地走一辈子冤枉路，因为没有哪个人可以在人生的每一方面都表现得很出色。如果我们高估或低估了自己的力量，那么我们就很可能因为决策失误而受到伤害。所以对我们来说最重要的就是认识自己、扮好自己的人生角色。

要认清自己是一件很难的事情，有的人甚至走到生命的尽头，都无法看清自己到底是怎样的一个人。这是因为我们对自己的认识不够全面，就像故事中的"无所不知先生"一样，自己的秃顶，长脸，矮身材都看作是智慧的象征，只看到自己好的一面，看不到自己糟糕的一面，只看到自己的外表却看不到自己的内心。所以我们平时就应当多注意自己的言行，对自己所做过的事情加以分析，从中对自己进行总结。

认识自己也不能像"无所不知先生"那样把自己的主观情绪带进去，人很难对自己有一个正确的评价就是因为"当局者迷"，所以认识自己的最好的方法是站在一旁，像陌生人一样来评价你自己。接着要尽可能客观地进行自我检查，评估自己的能力并认清自己的缺点。

有人说，站在山顶和站在山脚的人看对方同样渺小。"会当凌绝顶，一览众山小"，"山外有山，天外有天"，这样的意境恐怕不是身在山脚下的人们所能体会到的吧！

许多时候，我们会不自觉地感到自己的强大，这种信心是不可或缺的。但不可发展为自负，否则就成了狂妄。正如空中的星星，对于尘埃来说它大如宇宙，但对于宇宙来说它小如芥豆。因此，认清自己很重要。

你听说过鱼游得太累、鸟飞得太倦、花开得太累吗？的确没有人看过它们太累，因为它们在扮演自己。

手表知道自己的作用就是指示时间，于是它就忠实地扮演着自己的角色，每过一秒就迈一步，因此它的一生都很轻松。

杯子知道自己的功能就是装水、装酒或咖啡，于是它自由自在地端坐桌子的一角，无事于心地过着日子。让自己容纳别人是天经地义，所以它一生都过得沉稳自在。

你可曾听过杯子嘲笑手表吗？没有。

那是因为杯子知道：杯子就是杯子，手表就是手表。它们的条件不同，功能也不同。杯子若是想不开，想替代计时；手表若是想不开，想扮演杯子盛水，那就是它们人生噩梦的开始！

所以还是在认清自己之后，甘心地做自己吧！

如果你不能成为山顶上的青松，那就当一棵山谷里的小树吧——但要当一棵溪边最好的小树。

如果你不能成为一棵大树，那就当一丛小灌木；如果你不能成为一丛小灌木，那就当一片小草地。

如果你不能是一只香獐，那就当一尾小鲈鱼——但要当湖里最活泼的小鲈鱼。

如果你不能成为大道，那就当一条小路；如果你不能成为太阳，那就当一颗星星。

我们不能全是船长，必须有人来当水手。生活中有许多事让我们去做，有大事，有小事，但最重要的是我们身旁的事。自知是人生的第一步，而自知的目的就是为了忠于自己的角色，扮演好自己。如果一个人能将二者结合起来，那么他的人生必定是成功的。

坚守位置就能体现生存的价值

对于一个人来说最重要的是要认清自身价值所在，如果你是一颗螺丝钉，那么就要尽力找准自己的位置，螺丝钉虽然很不起眼，却可以为机器的运转发挥作用，但如果螺丝钉愣要充轴承或是其他什么重要部件，那它应该成为垃圾。

生活中，很少有人能坚持站在属于自己的位置。我们大多在流行时尚、热门话题、抢手职业等社会的喧嚣热闹中迷失了自己，于是一块块可造之才就变成了随地乱扔的垃圾。我们应该认识到自己其实是一种可贵的资源，应该寻找到最适合自己，最能让自己发挥才能的岗位。

有一个生长在孤儿院中的小男孩，常常悲观地问院长："像我这样的没人要的孩子，活着究竟有什么意思呢？"

院长总笑而不答。

有一天，院长交给男孩一块石头，说："明天早上，你拿这块石头到市场上去卖，但不是'真卖'，记住，无论别人出多少钱，绝对不能卖。"

第二天，男孩拿着石头蹲在市场的角落，意外地发现有不少人好奇地对他的石头感兴趣，而且价钱愈出愈高。回到院内，男孩兴奋地向院长报告，院长笑笑，要他明天拿到黄金市场去卖。在黄金市场上，有人出比昨天高 10 倍的价钱来买这块石头。

最后，院长叫孩子把石头拿到宝石市场上去展示，结果石头的身价又涨了 10 倍，更让人觉得不可思议的是，由于男孩怎么都不卖，这块石头竟被传扬为"稀世珍宝"。

男孩兴冲冲地捧着石头回到孤儿院，把这一切告诉给院长，并问为什么会这样。

院长望着孩子慢慢说道："生命的价值就像这块石头一样，在不同的环境下就会有不同的意义。一块不起眼的石头，由于你的珍惜、惜售而提升了它的价值，竟被传为稀世珍宝。孩子，你就像这块石头一样，只要自己看重自己，自我珍惜，生命就会有意义、有价值。"

的确，如果你自己把自己不当回事，别人更瞧不起你，生命的价值首先取决于你自己的态度。珍惜独一无二的你自己，珍惜这短暂的几十年光阴，然后再去不断充实、发掘自己，最后世界才会认同你的价值。

欧洲后期印象派大师凡·高的画，许多人看过后都留下深刻的印象。他那黄色炽热的色彩和充满动感的线条，给予我们强烈的感受。凡·高有着坎坷的境遇，虽然 26 岁才正式走上画家的途径，36 岁就过世了，但是仅仅 10 年间却留给我们许多不朽的作品。他在艺术上的成就，较之活了 90 多岁的毕加索并不逊色。

可见生命的长短也不能决定一个人自身价值的大小，只要你摆正了自己的位置，你就能实现自我价值。

看轻自己是人生最大的错误

你是不是有时候也会质疑自己？也觉得无法埋头于任何事？许多人都有"觉得现在的自己不像真正的自己"、"不知道自己现在到底最想做什么"的情形。于此状态下，不管做什么都得不到充实感，只感觉疲倦而已。连做什么好、想做什么都不知道，只有心灰意懒，在无力感中过日子。

生命对于每一个人来说都只有一次，珍惜生命首先是要尊重自己的生活方式，只有这样，人生的负重和疲惫才会在自己充满乐趣的生活方式中得到减轻和复原。为自己而生活，表面上看起来有点自私，然而，又有谁能否认只有在为自己而愉快健康地生活的基础上，才能更好更持久地为社会、为别人做奉献呢！

人来到这个世界，就是来走上帝所赠予我们的路。这是一种幸运。不是吗？不管是遍地荆棘，还是到处是花，我们都同样地来到这个世界。同呼吸，同看日出日落。大人物有大人物的追求，小人物有小人物的向往。而不管你是一个什么样的人，都不应怀疑自我存在的价值。

有一个女孩，她生来就有六个手指，两只手都是，为了这双畸形的手，从小到大她吃了不少苦头。上了大学后，她喜欢上了班里的一个男孩，那个男孩是学生会干部，又高又帅，又有风度，迷倒了校内无数女孩。毕业前夕，女孩忍不住心中的渴望，她想对那个男孩表白。她把这件事告诉了她的好朋友，她的好朋友吃惊地看着她："天啊！我知道他对你不错，还几次跟别人夸过你，可你确定他对你有那个意思吗？你的手——你们真的不太相配！"女友的话击垮了女孩的信心。第二天一早，女孩就向学校递交了去支援西部的志愿书，没有和任何人告别，一个人伤心地去了西部当老师。有一天她正在上课时，一个小女孩握着笔哭了起来。"怎么了？"她温柔地问那个小女孩。女孩抽泣地伸出手："为什么我不能跟你一样？我也想要老师那样美丽的手！"小女孩的话让她呆住了！她第一次想到原来自己也被别人羡慕着，原来自己也有存在的价值，真不明白，以前自己为什么会否定自我呢？她跑到公用电话亭，拨通了男孩的手机，将自己的心路历程明明白白地告诉了他。电话里那头男孩沉默了几秒钟，然后他大声说："等着我！处理完这边的事我马上就去找你，一定要等我！"

其实，女娲造人时并不公平：有人俊俏，有人奇丑无比；有人健康强壮，有的人百病缠身；有的人出生时身体完美无缺，有的人却缺手缺脚。但无论如何，人活在世上总要生活。问题是你是否热爱生活，能否认清自我的真正价值。

如果个人对价值理念缺乏定向，往往会导致个人对现存社会价值观念产生怀疑和不满，无法确信生活的意义而使自我迷失。每个人到了老年都会反省过去的一生，将前面的生命历程整合起来，评估自己的一生是否活得有意义、有价值，是否已达到自己梦寐以求的目标。如果认为自己拥有独特的并且有价值的一生，便会觉得一生完美无缺、死而无憾，而且由经验中产生超然卓越的睿智，更能无惧地面对死亡。相反，如果否定自己一生的价值，便会对以往的失败悔恨，余生充满悲观和绝望。因此，不要怀疑自己，更不要否定自己！因为，无论如何，世界上只有一个你，你是独一无二的。"三军可夺帅，匹夫不可夺志。"别人否定你并不可怕，自己决不要否定自己。"人皆可以为尧舜"、"众生平等，皆可成佛"，如果把尧、舜、佛理解为能参悟宇宙规律的大师，那么这些话可以理解为在真理面前人人平等，人人都能创造。

每个人都有自己的天性，都有适合自己的生活方式，每个人都有自己存在的价值，不要妄自菲薄，不要理会别人的质疑，因为世界上只有一个你。

承认自己的不完美是一种成熟

人无完人，每个人都会有一些缺陷：外貌上的，性格上的，经历上的……当一个人懂得承认自己的不完美时，他也就真正地成熟起来了。

卢女士已经 37 岁了，两年前丈夫不幸病故，家里人都执意让她再找一个意中人，热心的朋友也劝她早日结束独身生活。卢女士虽然也看过几个对象，但都没有成功。原因是卢女士和别人见面后，总是先把自己的缺陷和盘托出，暴露无遗，令一些人"望而却步"。她的朋友数落她时，她却振振有词："年轻时搞对象都没有装模作样过，老了更不用掩饰，我就是这么样一个有瑕疵的女人，先让对方看清楚点不好吗？"后来卢女士还真找到了一位心心相印的意中人，据说对方在假货遍地人也爱装假的今天，就是看中了卢女士毫不掩饰、勇于承认缺陷的优点，认为这人难得的实在。由于卢女士事前把自己的缺陷毫无保留地告知对方，对方"扬长避短"，两人配合默契，生活得很美满。朋友们都说，实在人有实在命，卢女士这是用袒露缺陷换来的幸福。

人有缺陷并不可怕，可怕的是刻意掩饰，自欺欺人。卢女士不是这样，在对方面前大胆袒露自己的缺陷，出自内心的真诚和对别人的信任。她那透明的真诚理所当然也换来了对方的信赖与爱慕。把自己的缺陷袒露人前，也就同时把自己的真诚毫无保留地献给了对方。在日常生活中往往有这样的情况，越是刻意掩饰自己的缺陷，自己活得越累，有时甚至还显得很尴尬。这是因为缺陷是客观存在的，掩饰往往会弄巧成拙。卢女士真诚袒露缺陷的结果，使对方理解她的缺陷，容纳她的缺陷，还有意识地弥补她的缺陷，这正是他们后来生活幸福和谐的基础。

缺陷或大或小、或多或少，人人都有。然而，面对缺陷，大多数人是去掩饰。掩饰缺陷也许是人的天性，毕竟能在大庭广众之下袒露自己缺陷的人，实属不多。因此袒露缺陷确实需要勇气，要战胜自己的懦弱，战胜自己的虚荣，还要战胜世俗的偏见。所有这些，没有超人的勇气是万万做不到的。

台湾著名画家刘墉在教国画的时候，经常发现有些学生极力掩饰自己作品上的缺点，有时画得差，干脆就不拿出来了。遇到这种情况，刘墉会对他们说："初学画总免不了缺点，否则你们也就不必学了！这就好比去找医生看病，是因为身体有不适的地方，看医生时每个病人总是尽量把自己的症状说出来，以便医生诊断。学画交作业给老师，则是希望老师发现错误，加以指正，你们又何必掩饰自己的缺点呢？"

还有一个男人，单身了半辈子，突然在43岁那年结了婚。新娘跟他的年纪差不多，但是她以前是个歌星，曾经结过两次婚，都离了，现在也不红了。在朋友看来，觉得他挺亏的，这不是一个好的选择，因为新娘身上的瑕疵太多了。

有一天，他跟朋友出去，一边开车、一边笑道："我这个人，年轻的时候就盼望着能开宝马车，可是没钱，买不起。现在呀，买不起，买辆三手车。"

他的确开的是辆老宝马车，朋友左右看看说："三手？看来很好哇！马力也足！"

"是呀！"他大笑了起来，"旧车有什么不好？就好像我太太，前面嫁个广州人，后又嫁个上海人，还在演艺圈20年，大大小小的场面见多了。现在老了、收了心，没有以前的娇气、浮华气了，却做得一手好菜，又懂得料理家务。说老实话，现在真是她最完美的时候，反而被我遇上了，我真是幸运呀！"

"你说得挺有道理的！"朋友陷入沉思。

他拍着方向盘，继续说："其实想想我自己，我又完美吗？我还不是千疮百孔，有过许多往事、许多荒唐，正因为我们都走过了这些，所以两人都变得成熟、都懂得忍让、都彼此珍惜，这种不完美，正是一种完美啊！"

正因为这位男士能够承认自己的不完美，他才不苛求爱人的完美，结果两个有瑕疵的人才能凑到一起，组成一个幸福的家庭。从某种意义上看，人就是生活在对与错、善与恶，完美与缺陷的现实中，我们既然能从自己非常优秀与完美的现实中受益，为什么就不能从自己的缺陷中受益呢？

我们应该明白有缺陷并不是一件坏事，那些自认为自身条件已经足够好以至于无可挑剔、不必改变现状的人往往缺乏进取心，缺少超越自我追求成功的意志。相反，承认自己的缺陷，正确认识自己的长处与短处，却可以使我们处在一种清醒的状态，遇事也容易做出最理智的判断。

在人世间，人是注定要与"缺陷"相伴，而与"完美"相去甚远的。所以不完美也是一种完美，承认自己的不完美是一种豁达、成熟，更是一种智慧！

学会挖掘并利用自身的长处

现实生活中，也许你是一个始终与"第一名"无缘的人，眼看着别人表现出色，自己却永远居于人后，心里会不会觉得有些不平衡呢？其实你大可不必为此烦恼，一个人成功与否有很多不同的判断标准，只要你愿意换个角度，你也可以位列第一。

刘墉在他的《成为第二名手》中，曾谈到第一与第二的问题：

恽寿平是清代最著名的画家之一，据说他早期是画山水的，但是从见到王石谷之后，自以为山水画不能超过他，于是改为专攻花卉，成为海内所宗。在更早以前的唐代也有一位以画火闻名的张南本，据说原来是与画家孙位一起学画的，也因为自认不能超过孙位而改习画火，终于独得其妙。

艺术家追求完美，难免有傲骨，耻为天下第二名手，不愿落人之后，像前两者真有才能，舍他人既行的道路，自辟蹊径，独创一家固然最好。但如果不能认清自身的能力，只因耻为人后，就放弃学习，自己又找不到适当的方向，到头来则难免什么都落空了。

孟雨是一个魅力四射、才华横溢的年轻人，自然是社团中令人注目的热点，认识孟雨的人几乎都可以感受到他热情的付出。在得知他交了女朋友后，他的一个朋友开玩笑似的问他："那现在我在你心中排第几呀？"他想也不想，便答："第一"。朋友不相信地看着他，问："怎么可能啊，你女朋友应该排在第一位。"孟雨狡黠地一笑，然后说："你当然排第一，只不过是另起一行而已。"

　　孟雨的话说得多么好啊！生活中，在各行各业中，每个人都期望得到第一的位置，其实要拿到第一也容易，就看你愿不愿意换个角度——只要"另起一行"，每个人就都是第一了，而这个世界，自然少了许多莫名的地位纷争，这不是很好吗？

　　周平生性好强、不甘平庸，但造化弄人，他却偏是一个平淡无奇的小人物。他的理想是成为一个无冕之王——新闻记者，然而大学毕业后他却成了一名高中教师，而且在学校里也并不太受学生欢迎。看着昔日的同窗今日都已登上高位，周平心里别扭极了。贤惠的妻子见他这样子，就劝他说："人比人，气死人！反正现在情况已经是这样了，你又何必偏拿自己的短处去比人家的长处呢？你难道就不能找找你自己的优点吗？"妻子的话点醒了周平，他决定凭着自己流畅的文笔闯出一片天地。周平选择了当地一家颇有影响力的报社，然后便向那家报社大量投稿，丝毫不计较稿费的高低。由于这家报社开了不少副刊，周平悉心加以研究后，专门为它们量身定做，所以他的作品几乎篇篇都被采用，甚至还创造过这样的奇迹：有一次，他们的副刊总共只有8篇稿子，其中4篇都是周平的"大作"，只是署名不一样。

　　周平的作品被这家报社的编辑竞相争抢，常常是刚应付完文学版的差事，杂文版的又来了。有时他因学校有事创作速度稍慢一点，那些编辑就会心急火燎地打电话催稿。终于有一天报社的领导坐不住了，他们给周平打电话——只要周平愿意，他现在就可以去报社上班。周平赢了。

　　我们可以从周平的经历中得到一个很重要的启示：生活的路不止一条，如果你不甘于平庸，你完全可以另起一行，得到你想要的成功。

　　古今中外，还有很多名人经过重新给自己定位而取得令人瞩目的成就：

　　阿西莫夫是一位科普作家，同时也是一位自然科学家。一天上午，他坐在打字机前打字的时候，突然意识到："我不能成为一个第一流的科学家，却能够成为一个第一流的科普作家。"于是，他几乎把全部精力放在科普创作上，终于成了当代世界最著名的科普作家。

　　在生活中，谁都想最大限度地发挥自己的能力。但是，由于种种原因，你无法在自己的行业里取得令人满意的成就。目前，有许多人是在自己并不喜欢甚至厌恶的岗位上，干并非自己所愿干的工作，于是人心不稳。在这种情况下，还是不要着急为好，所谓的生活其实就如写文章一样，当你发觉笔下的那一句不是自己最满意的言语，甚至是败笔的时候，那你就暂时停笔思考一下，等到精彩的华章涌向笔尖，不妨另起一行重新书写，直至满意为止。

在平凡中学会珍惜

　　平凡会让你更懂得珍惜自己的所有，更懂得享受生活，你也就更能体味到生活的幸福滋味！

　　雪是一个细致的、朴素的女孩，是个大学二年级的穷学生。一个男生喜欢她，但同时也喜欢一个家境很好的女生。在他眼里，她们都很优秀，也都很爱他，他为选择自己的另一半很犯难。有一次，他到雪家玩，当走进她简陋但干净的房间时，他被窗台上的那瓶花吸引住了——一个用矿泉水瓶剪成的花瓶里插满了田间野花。

他被眼前的情景感动了。就在那一刻，他选定了谁将是他的新娘，那便是摆矿泉水花瓶的雪。促使他下这个决心的理由很简单，雪虽然穷，却是个懂得如何生活的人，将来，无论他们遇到什么困难，他相信她都不会失去对生活的信心。

宁是个普通的职员，生活简单而平淡，她最常说的一句话就是："如果我将来有了钱啊……"同事们以为她一定会说买房子买车，她的回答却令人们大吃一惊："我就每天买一束鲜花回家！""你现在买不起吗？"同事们笑着问。"当然不是，只不过对于我目前的收入来说有些奢侈。"她也微笑着回答。一日，她在天桥上看见一个卖鲜花的乡下人，他身边塑料桶里放着好几把雏菊，她不由得停了下来。这些花估计是乡下人批来的，又没有门面，所以花便宜得要命，一把才 5 元钱，如果在花店，起码要 15 元！于是她毫不犹豫地掏钱买了一把。

她兴奋地把雏菊捧回家，在她精心呵护下这束花开了一个月。每隔两三天，她就为花换一次水，再放一粒维生素 C，据说这样可以让鲜花开放的时间更长一些。每当她和孩子一起做这一切时，都觉得特别开心。一束雏菊只要 5 元钱，但却给宁家人带来了无穷的快乐。

琳是某大型国企中的一名微不足道的小员工，每天做着单调乏味的工作，收入也不是很多。但琳却有一个漂亮的身段，同事们常常感叹说："琳要是穿起时髦的高档服装，能把一些大明星都给比下去！"对于同事的惋惜之辞，琳总是一笑置之。有一天，琳利用休息时间清理旧东西，一床旧缎子被面引起了她的兴趣——这么漂亮的被面扔了实在可惜，自己正好会裁剪，何不把它做成一件中式时装呢？！等琳穿着自己做的旗袍上班时，同事们一个个目瞪口呆，拉着她问是在哪里买的，实在太漂亮了！从此以后，琳的"中式情结"一发不可收：她用小碎花的旧被单做了一件立领带盘扣的风衣，她买了一块红缎子面料稍许加工后，就让她常穿的那条黑长裙大为出彩……

三个身处不同环境的平凡女人有一个共同点：她们都能从平凡的生活中找到属于自己的幸福。雪很穷，但她却懂得尽力使自己的生活精致起来；宁生活平淡，她却愿意享受平淡的生活，并为生活增添色彩；琳无法得到与自己的美丽相称的生活，但她没有丝毫抱怨，还尽量利用已有的东西装点自己的美丽。所以最快乐的人并不是一切东西都是美好的，她们只是懂得从平淡的生活中获取乐趣而已。

其实，世界上的大多数人都并不伟大，但平凡的人生同样可以光彩夺目。因为任何生命——平凡的生命和伟大的生命，都是从零开始的。只是平凡的人离零近些，伟大的人离零远些。

追求平凡，并不是要你不思进取，无所作为，而是要你于平淡、自然之中，过一个实实在在的人生。平凡乃人生一种境界。肤浅的人生，往往哗众取宠，华而不实，故弄玄虚，故作深沉；而平凡的人生，往往于平淡当中显本色，于无声处显精神。平凡在某种程度上来说，表现为心态上的平静和生活中的平淡。平淡的人生犹如山中的小溪，自然、安逸、恬静。平凡人生也无须雕琢，刻意雕琢就会失去自然，失去本性。

窦贤在《享受平凡》中写道：

身处红尘之中，日出而作，日落而息，无宠无辱，自在逍遥，持平凡心，做平凡人，自有享受平凡的妙处。持平凡心，无欲做伟人。虽无伟人博大精深的威仪，但也没有高处不胜寒，举手投足左顾右盼的尴尬；持平凡心，无欲为高官。虽无炙手可热、一呼百应的威势，但也不用煞费苦心伺机钻营，拍马溜须、见风使舵，也不会一朝马失前蹄树倒猢狲散，因贪欲难抑东窗事发身陷囹圄；持平凡心，无意经商成巨富。虽无做大款纳小妾、居华屋坐名车挥金如土的威风，但也没有终日搏击商场、身心俱疲、满身铜臭、买空卖空，一朝船翻在阴沟，欲捧金碗却砸了瓷碗的处境。

做平凡人是一种享受：享受平凡，勤耕苦作有收获，不求名利少烦恼；享受平凡，看海阔天空飞鸟自在翱翔；看山清水秀，无限风光在眼前。享受平凡，不是消极，不是沉沦，不是无可奈何，不是自欺欺人。

享受平凡是因为平凡中你才能体会到生活的幸福和可贵。幸福不是腰缠万贯，豪华奢侈，幸福不是位高权重，呼风唤雨，幸福是对平凡生活的一种感悟，只要你经历了平凡，享受了平凡就会发现：平凡才是人生的真境界！

承认自己是个小人物没什么不好

一个人苦苦寻找自己的地位尊严，是无可厚非的，但却不应该把地位问题看得太重。不可否认，人们的潜意识里总有着"大人物"与"小人物"的高下之别。但是"大人物"毕竟少而又少，而"小人物"就在你我身边。况且"大人物"也是从"小人物"不断地变大的，所以承认自己是小人物，承认自己地位低并没有什么可耻。

一个人，如果一定要崇尚什么的话，他应该崇尚的是智慧而不是地位。而获得智慧却并不需要先获得地位，有时候地位反而是体现价值的阻碍。

著名的古希腊寓言家伊索是一个奴隶，他相貌奇丑，但他从不小看自己，反而以自己的绝顶聪明赢得了自由之身。据说他的主人因为他的丑陋，不肯在一个官员面前承认他是自己的奴隶，说他与自己一点儿关系也没有。于是伊索就请那位官员作证，要主人解除自己的奴隶身份，因为主人说他自己与他一点儿关系也没有。主人赏识他这样敏捷的才智，答应了他的要求，从此，伊索成了一个自由乡民，他为我们留下了伟大的《伊索寓言》，赢得了后人的极大尊敬。

相反，英国哲学家培根为了保住自己的地位而不惜反戈他从前的恩人，一连串的升迁使他终于爬到了大法官的高位。但是对于历史来说，他的价值却只体现在他被迫隐居的几年里所写作和编定的那些不朽的著作。我们今天所知道和敬佩的是哲学家培根，并不是大法官培根。他自己也感叹过，后悔没有及早退出官场，来做那份了不起的工作。

其实，大家都知道，任何伟大的成就都是平凡人从平凡的工作上起步的。就拿毛泽东来说，他只是一个山沟里的农家孩子，最初也不过是做一个农民运动讲习所的教员。尽管出身、工作都极为平凡，可是他担起了天下之大任。还有韩国总统金大中，在初中时就给自己定下了发展目标：未来总统金大中。不知道他当时受过多少冷嘲热讽，可最终他确实当了总统。这样的事例不胜枚举。

地位是一个人某种能力或权力的体现，却不是其人生价值的全部体现。处于高位者有处于高位的难处，而处于低位的往往具有处于高位者所不具备的大境界。

一个人无论地位高低，都要能清醒地认识自己。地位高的人容易认为自己很了不起，其实未必；地位低的人容易自暴自弃，其实不必。虽然我们不能说人的尊严与社会地位毫无关系，但如果把个人的尊严完全与社会地位联系在一起，只知道从社会地位中去寻找个人尊严，毫无疑问也是错误的。

第八章
凡事多往坏处想一点就能少犯错误

　　人难免会犯错误，但不能总犯不该犯的错误，糟糕的生存状态，往往是由一个个不该犯的错误造就的，对策之一就是遇到事情不要总把结果想得太圆满，多往坏处想那么一点点，可以让自己头脑清醒起来，少犯错误走对路。

要想有收获就要肯付出辛苦

　　把成功想得很容易的人是不肯付出辛苦干事的。而多往"坏处"想一点，老老实实地勤奋做事，才不会犯只会做梦梦难成的人生错误。天才出于勤奋，一个人若想有所作为，就必须具备一个特点，那就是勤劳，世上没有不付出就得到的好事，天才之所以成为天才，也不过是因为他们掌握了勤奋的法宝。

从前，有一个勤劳的老农夫在临终时，希望他懒惰的儿子们能够像他一样，辛勤地耕种田地，于是他叫儿子们来到床边，说："儿子们！在我的葡萄园里，有一个地方藏着一堆财宝。"说完就死了。他的儿子们立刻拿了铁铲铁锹等，挖遍了葡萄园。可是并没有找到什么财宝，葡萄树反而因为翻土而生长得很茂盛，有了很好的收获。

"天下没有不劳而获的事，只有勤奋耕耘才有好收获。"这位老农夫留给他懒惰儿子们的一段话，真胜过千万遗产。哪个人的成功不是因为辛勤耕耘？虽然辛勤耕耘不一定会有好收获，但不耕耘却毫无收获。

既然大家都知道伟大的成功和辛勤的劳动是成正比的，但为什么渴望成功的人还没赶快行动起来呢？原因很简单，勤奋的前提是吃苦。

著名的数学家华罗庚先生生于江苏省金坛市一个贫苦家庭，只念过初中，20岁时左腿因病致残。他不畏艰难，勤奋自学，终于走进了金碧辉煌的数学殿堂，被国际数学界公认为世界"绝对第一流的数学家"。

"天才在于积累，聪明在于勤奋"，这是华罗庚教授最喜欢的一句格言。他虽然聪明过人，但从不提及自己的天分，而把比聪明重要得多的"勤奋"与"积累"作为成功的钥匙，反复教育自己的学生，要他们学数学要做到"拳不离手，曲不离口"，经常锻炼自己。

而华罗庚教授的经历就是"勤奋出天才"的最佳范例。

《华罗庚——绝对第一流的数学家》一文中这样写道：

1929年对于华罗庚来说，是生命旅程中最不寻常的年头。这年他得到了一份工作——在金坛市中学当会计兼做数学教员。这对初中毕业又无钱继续读书的华罗庚来说，实在是太难得了。不久，他又娶了一位秀丽端庄、勤劳贤惠的妻子吴筱元，全家人沉浸在欢乐之中。谁料想，几乎就在这同时，厄运也在悄悄向华罗庚逼近。

这一年，金坛市瘟疫流行。一天华罗庚下课回到家中，吃了两个汤圆，忽然觉得浑身发酸发冷，便支持不住，一头倒在床上。一测体温，竟然高达 42℃。接着，华罗庚便昏迷不醒并且说胡话，全家人顿时乱作一团。

医生看过华罗庚的情况后摇了摇头，让吴筱元准备后事。死亡的判决书没有动摇一家人挽救他的决心。金坛市的医生无能为力了，他们便当了所有值钱的东西从别的地方请名医。就这样请一个不行，再继续请另一个。

整整半年过去了。一天，华罗庚的左手小指头忽然肿起来了，然后又嚷左臂疼，接着是左边的半个身子、左腿疼得不能动弹。后来，疼痛倒是消失了，但疼痛部位的肌肉却都腐烂了。吴筱元便给他用药敷，慢慢地伤口愈合了。经过妻子日日夜夜的精心照料，华罗庚的病情渐渐地好起来了。不过，由于伤寒病菌侵袭了他的关节，左腿关节粘连变形，弯曲了。年纪轻轻的华罗庚，就这样成了行动不便的人……

他拄着妻子为他找来的一根拐杖，迈着按他自己说是"圆和切线的运动"的艰难步履，开始了新的也是更漫长、更艰辛的人生之路。

病后的华罗庚，从妻子愁苦的面容、女儿饥饿的啼哭中，察觉出了家计的窘迫。于是，他抱着瘦骨嶙峋的身子，重新回到了学校。然而，屋漏偏逢连天雨。不久竟有人向教育局告状，说校长任用没有学历的华罗庚做教员是个错误。校长为此愤然辞职离去，华罗庚的教员自然做不成了。好在新校长是位很通达的人，继续让他留在学校做会计。华罗庚一如既往，白天勤奋工作，晚上不顾残腿钻心的疼痛，在昏黄的灯光下遨游于数学的王国中，决心用"健全的头脑，代替不健全的双腿"。

功夫不负苦心人。1930 年的一天，华罗庚收到上海寄来的刚刚出版的《科学》杂志第 15 卷第 2 期。他急忙用颤抖的双手翻开，《苏家驹之代数的五次方程式解法不能成立之理由》的大标题和"华罗庚"三个字赫然映进他的眼帘，顿时热泪盈眶。

这是他病前写的一篇论文，也正是他第一次发表的这篇论文，对他的命运产生了重要影响。不久，清华大学数学系主任熊庆来教授看到了这篇论文，如获至宝，立即四处寻问作者的身世经历。

1932 年秋天，华罗庚应邀来到清华大学数学系，当上了数学系的助理员。从此，华罗庚如鱼得水，更加勤奋。

后来华罗庚又经历了两次磨难，但他都凭着一股勤奋、努力、执着的精神，坚强地挺了过去。靠着勤奋，华罗庚从一个只有初中文化的青年成长成一代数学大师、教育家，所写名著《堆垒素数论》成为 20 世纪数学论著的经典。连爱因斯坦也写信说："你此一发现，为今后数学界开了一个重要的源头。"华罗庚已经被芝加哥科学技术博物馆列为当今世界 88 个数学伟人之一。

辉煌来自耕耘，有一分劳动就有一分收获，日积月累，从少到多，奇迹就可以创造出来。华罗庚只有初中的文化，最后却成长为第一流的数学家，可以想象得到，在这辉煌的光圈背后，华罗庚付出了多少辛苦。勤出成果、出智能，无数实践证明：唯有勤奋者才能得到成功。可以说华罗庚之所以能成为第一流的数学家，就在于他比常人花更多的时间去学习。学习的时间越长，下的功夫越深，所学的也就愈精。华罗庚不是天才，只是他用勤奋换来了天才的称号。

　　人并非生下来就是天才或懦夫。所有的成功都是努力的结果，天才也需要后天的磨炼。生命不排斥努力，它需要辛勤的汗水来浇灌，只要勤奋就可以换来累累硕果。麦当劳的成功，不是方法的胜利，而是勤奋的功劳。对于一桩成功的事情来说，勤奋的功用实在是太默默无闻，太平实了，平实得就像大厦的桩基，重要而又潜隐，无声无息地驮起伟岸的形象和耀眼的华丽。但是，世人往往太过肤浅和势利，总是赞美伟岸，簇拥华丽，忘却平实。面对一座座摩天大楼，除了仰头而望外，有多少人会想到它的桩基，或者那些辛勤创造者。所以在生活中，渴望"空中楼阁"的人屡见不鲜。

　　中国现代著名的哲学家冯友兰先生认为，凡是能使某事最成功的方法就是最平实的方法。如果一个人想发财，最平实的方法，是去竭力经营。

　　纵览古今中外的成功人士，其成功的足迹无不洒满勤劳的汗水。我们每个人都能吟诵几句勤奋格言，也能述说几个伟人的艰辛，并为之感动和赞叹。但你一定会说我不是伟人，只是望而兴叹。这种遗憾并非智力的失败，而是人格的失败。

　　胡适先生说过："用血汗苦功到了九十九分时，也许有一分的灵巧新花样出来，那就是创作了。颓废慵懒的人，痴待'灵感'而来，是终无所成的。"可见，勤奋虽不是绝对成功的法宝，但也是走向成功最平实的大路。

　　中国有句俗话"一勤天下无难事"，只要你肯付出辛苦，只要你愿意不断刻苦学习，成功的大门就会向你敞开。

做了好事别计较别人的怠慢

生活中你为别人做了好事，有时却很难得到真诚的感恩，如果你每付出一点都希望得到别人的感激的话，那你将惹来无尽的烦恼。

吕女士认为自己太倒霉，总是遇上忘恩负义的白眼狼。先说她的先生。先生是搞科研的，为了工作常常是废寝忘食，家务活像照顾老人、孩子什么的半点儿也指望不上。为了支持先生的工作，吕女士一狠心，就把工作辞了，回到家里来当了个全职主妇。这个牺牲够伟大的吧，但先生却似乎一点也没有被感动，还反过来指责吕女士越来越俗气了。再说，二号楼那对小夫妻。他们之所以能在一起，那全是吕女士的功劳，红线是她牵的，矛盾是她调解的，两家父母闹意见还是她劝解开的。结果呢，这对小夫妻有了矛盾才来找"吕姨"，没事的时候就把吕女士丢一边。吕女士一想起这事儿，就气不打一处来，但更可气的还在后头呢。今年春天的时候，丈夫的一个远亲的孩子要跨学区转学，因为知道吕女士有点门路，所以就千求万请的。碍于情面吕女士只好披挂上阵，没想到接收学校的管理太严格，吕女士费尽千辛万苦，求爷爷、告奶奶地折腾了几天事情也没办妥。而那位亲戚一听事儿没办成，脸立刻拉了下来，对吕女士的苦心没有半句感谢。不仅如此，那位亲戚还到处说吕女士虚情假意，不地道。吕女士不但没得到感激，还落了一身不是，她这一气就病了一场。病好后，她逢人就说："现在的人都是狼心狗肺，以后啊就自己管自己，别人的事儿啊我再也不跟着瞎忙了！"

吕女士的委屈确实可以理解。她热情地付出，热心地帮助别人，但她的努力似乎都白费了，她没有得到任何一个人的感恩。但是从另外一个角度再想一下，我们每个人每天的生活都在仰赖着他人的奉献，那么，在抱怨别人不知感恩的时候，我们向帮助自己的人表达感激之情了吗？吕女士如果仔细想一下就会知道了，生活中也曾有许多人给过她无私的帮助，只是她忘记了这一点。

世界上最大的悲剧就是一个人大言不惭地说："没有人给过我任何东西！"这种人不论是穷人或富人，他的灵魂一定是贫乏的。人们总是这样，对怨恨十分敏感，对恩义却感觉迟钝，所以下一次当你要怨恨别人的忘恩负义时，先想想自己是否做好了这一点。

老姜是个小肚鸡肠的人，至少邻居们都这么说。他帮人做一点事，就得意得不得了，人前总要提几次，人家要是忘了说谢谢，他就得生气几天。可是如果是人家帮助了他，他就会患上一种健忘症，事情一办成，立刻就把办事的人忘了个一干二净。前两天，田先生就被他给气坏了。老姜的一个亲戚来找老姜，说想要去农村收购出口山菜，但是得找一个进出口公司接收，亲戚问老姜有没有这方面的门路。老姜一想，三楼 B 门的田先生不就在进出口公司上班吗？于是他就让亲戚回家等着，自己买了两瓶酒去找田先生。田先生见是街坊来求自己就尽心尽力地把这事办成了。事一办成老姜立刻就像变了一个人一样，见到田先生就趾高气扬地喊一声"小田！"对山菜合同的事竟提也不提，回头还对街坊吹嘘自己有多神通广大。田先生被气得几天吃不下饭，一提老姜就一肚子火。

其实生活中像老姜这样的人并不少见。他们有时会有人庇佑而威风一时。不过由于此类人多半专横、自私，只知从别人身上得到好处，却不知回馈，而不受欢迎。短视近利的后果，往往令帮助他的人感到失望，不再给予支持。这类人多半自以为是，从不考虑自己的责任，老是认为别人在算计他，对他不怀好意，想要陷害他。

消极的心态会使这类人离开对他有利的人，而和同类型的人在一起，然后逐渐深陷其中而无法自拔。

大多数人都是这样：只注意到自己需要什么，却忽略了这些东西是从哪里来的。所以抱怨别人的不知感恩，还不如先培养自己感恩的心。不要总计较别人欠你多少，在你以自己的成功为荣时，应该先想想自己从别人那里接受的有多少。

要明白"共患难易，共富贵难"的道理

不要以为你帮人打出了天下，你就是功臣，理所应当地与人共富贵。正所谓"狡兔死，走狗烹"，每个老板都可以跟你共患难，但很少有能跟你共富贵的。

高先生今年 40 岁，刚离开他待了 15 年的公司。

15 年前，他到一家小电器行工作。高先生忠诚能干，甚得老板的器重；高先生也颇有"士为知己者死"的豪气，每天卖命地做，老板也未亏待他，二人情同手足，业务也因此而一日千里。

后来公司扩大，进口外国家电，高先生花了半年时间建立了全省的经销网，可说备尝艰辛。老板对他的表现相当满意，待遇、红利也一年比一年给得多。

三年后，公司开始稳定成长，高先生以为他混得差不多了，开始把担子放了下来，有空时常出国散心。在老板的指示下他把很多重要的工作交了出去，成为一个"德高望重"的"长老"。高先生也对他能在立下战功之后享"清福"大为满意。谁知半年后，老板拿了一张支票放在他的桌上，要他离开这家公司……

高先生万分不情愿，可是也不得不离开。

为什么与人共富贵那么难呢？为什么"功臣"常常落到被"杀"的下场呢？

就"老板"这边来说，有的纯粹是基于私利，不愿"功臣"来分享他的利益，抢他的光芒，所以"杀功臣"；有的老板为了保持"天下是我打的"的绝对成就感，所以"杀功臣"；更有的认为"利用"完了，再也不需要这批当年共打天下的"战友"，所以"杀功臣"。

就"功臣"这边来说，有的"功臣"自以为帮老板打下天下，如今"天下太平"，自己正可以握重权，领高薪，甚至"威胁"老板顺从自己的意志；有些"功臣"因为的确"功绩不凡"，颇受属下爱戴，因而结党营私，向老板"勒索"利益；有的"功臣"则不断对外炫耀自己的功绩，忘了"老板的存在"……

总之，功臣让老板产生威胁感、剥夺感，老板自尊被损，又不愿功臣成为负担，从私心考虑，于是不得不假借各种名目把"功臣""杀"了。说句老实话，有时候"功臣"还不得不杀，因为有些功臣在立下"战功"后，认为自己的功劳天大地大，其嚣张跋扈反而成为大局的危险因素，"杀"了他反而可使大局清明稳定。所以"杀功臣"这件事并不见得都应受到责备。

不过，再怎么说，"杀功臣"之事总是令人伤感。而一个人若有能力，也不必避讳当"功臣"，倒是"天下"打下来之时，自己的态度要有所调整：

①急流勇退，另谋出路。功臣不一定会被"杀"，但被"杀"的可能性永远存在，因此与其待得越久，危险性越高，不如在老板"还珍惜"你时，以最光荣风光的方式离开，为自己寻找另一片天空。也许你走不掉，至少这个"退的动作"也是表态，老板会欣赏你这个动作的。

②隐姓埋名，不提当年勇。也就是说，如今只有老板的名字，你的名字"消失"了，一切"荣耀"归于"老板"，你从此"没有声音"，也不可提当年勇，你一提，不就是在和老板争风头吗？他是不会高兴你这么说的。

③淡泊明志，终生为"臣"。利用各种时机表现自己的"胸无大志"，无自立为"王"的野心，永远是老板的人。你若野心勃勃，老板怕控制不了你，又怕商机被夺，迟早会对你下"毒手"。

④与时俱进，自显价值。很多"功臣"认为"理所应得"很多利益而不做事。然后成为退化的一群，因而被"杀"。因此要保全，必须随时显露自己的价值，让老板觉得少不得你，否则一旦成为"废物"，就会被当成"垃圾"丢掉，谁在乎你曾是"功臣"呢？

当你的功劳大到无以复加的时候，当"老板"不得不肯定你的功绩的时候，你就该小心了，千万别犯高先生那样的错误，要记住不是每个人都能跟你共富贵的。

不要总期待别人手下留情

在充满竞争的社会里，在推销自己和经营事业的时候，不要指望和别人和平相处，这样的想法会让你不思进取。你必须战胜对手，不然的话你就会被社会埋没、被对手"吃掉"。

也许你曾听说过这样一个故事：日本一家大公司准备从新招的三名员工中选出一位做销售代表，于是，对他们施行上岗前的"魔鬼训练"，予以考核。

公司将他们从横滨送往广岛，让他们在那里生活一天，按最低标准给他们每人一天的生活费用2000日元，最后看他们谁剩的钱多。

剩是不可能的，一杯绿茶的价格是300日元，一听可乐的价格是200日元，最便宜的旅馆一夜就需要2000日元……也就是说，他们手里的钱仅仅够在旅馆里住一夜，要么就别睡觉，要么就别吃饭，除非他们在天黑之前让这些钱生出更多的钱。而且他们必须单独生存，不能联手合作，更不能给人打工。

第一位先生非常聪明，他用500日元买了一副墨镜，用剩下的钱买了一把二手吉他，来到广岛最繁华的地段——新干线售票大厅外的广场上，扮起了"盲人卖艺"，半天下来，他的大琴盒里已经是满满的钞票了。

第二位先生也非常聪明，他花500日元做了一个大箱子放在最繁华的广场上，箱子上写着："将核武器赶出地球——纪念广岛灾难53周年暨为加快广岛建设大募捐"。然后，他用剩下的钱雇了两个口齿伶俐的中学生做现场宣传讲演，还不到中午，他的大募捐箱就满了。

第三位先生像是个没头脑的家伙，或许他太累了，他做的第一件事是找了个小餐馆，一杯清酒、一份生鱼、一碗米饭，好好地吃了一顿，一下了就消费了1500日元。然后钻进一辆被废弃的本田汽车里美美地睡了一觉……

广岛的人真不错，第一位和第二位先生的"生意"都异常红火，一天下来，他们对自己的聪明和不菲的收入暗自窃喜。谁知，傍晚时分，厄运降临到他们头上，一名佩戴胸卡和袖标、腰挎手枪的城市稽查人员出现在广场上。他被摘掉了"盲人"的眼镜，摔碎了"盲人"的吉他；撕破了募捐人的箱子并赶走了他雇的学生，没收了他们的"财产"，收缴了他们的身份证，还扬言要以欺诈罪起诉他们……

当第一位先生和第二位先生想方设法借了点路费，狼狈不堪地返回横滨总公司时，已经比规定时间晚了一天，更让他们脸红的是，那个"稽查人员"已在公司恭候！

原来，他就是那个在饭馆里吃饭、在汽车里睡觉的第三位先生。他的投资是用150日元做了一个袖标、一枚胸卡，花350日元从一个拾垃圾的老人那儿买了一把旧玩具手枪和一把化装用的络腮胡子。当然，还有就是花1500日元吃了顿饭。这时，公司国际营销部总课长走出来，一本正经地对站在那里怔怔发呆的"盲人"和"募捐人"说："企业要生存发展，要获得丰厚的利润，不仅仅是会吃市场，最重要的是懂得怎样吃掉对手。"

竞争是一种十分残酷的东西，它不留情面，不循常理。故事中第一位和第二位便没有真正理解竞争的含义。按常理看，他们做得也很不错，有效地利用了手中的资金，并想出了巧妙的赚钱办法（卖艺和募捐）。

可惜的是，他们的眼睛却只盯着市场而忽略了危险的竞争者。第三个人是一个真正的聪明人，当他的对手忙于赚钱时，他却在悠闲地养精蓄锐，然后再想办法出其不意地吃掉对手，可以说他是一个把竞争精神贯彻到实处的人。

竞争就是这样，不是你"吃掉"别人就是被别人"吃掉"，如果头脑里不绷紧了竞争这根神经，就容易中暗算、吃大亏。市场是一块大蛋糕，它不可能被平均分配，在只有几个人分享它的时候，大家或许可以和平共处，双赢互利。但到了僧多粥少的时候，竞争就变得和市场同样重要，有能力战胜对手的人就是胜利者，反之就会被淘汰出局。

生活中，我们可能也会遇到各种各样的竞争，职场上的，爱情中的……我们在提高自己实力的同时，千万不能忘了防范和反击竞争对手，否则，你就会成为失败者。

有意识地躲开嫉妒的枪口

嫉妒他人是一种普遍的心理现象，几乎每个人或多或少都存在一些嫉妒心理，嫉妒常常会让人做出一些疯狂的事，所以你不仅要克制自己的嫉妒心，而且还要提防别人对你的嫉妒，免得受伤害。

张某和乔某毕业于同一所师范大学，20 世纪 80 年代中期两人又都去了同一所高中任教，因为这层关系，两人一直相处得都不错。2003 年，学校领导班子进行了一次调整，乔某被提拔为学工处处长，但张某却被任命为主管教学的副校长。从那以后，乔某对张某说起话来就有点阴阳怪气的，从他那一声"张副校长"里，张某听出了他的不高兴。张某也不高兴："我当副校长是大家选的，又不是搞小动作弄来的，有怨气就去找教育局，凭什么我该看你的脸色啊！"从此以后，张某就跟乔某疏远起来，再也不像以前那样说说笑笑了。一段时间后，学校里突然传出了一些关于张某的流言蜚语，"抓教学不力、为人小气，几年前和学校的一位女实习教师有过一段暧昧的感情……"，张某气得浑身发抖，他知道这是乔某传出来的，因为只有他知道这件事。这些流言惊动了教育局领导，局长几次找张某谈话。更糟糕的是张某的妻子不知从哪儿听说了这件事，找到学校去大闹了一场，张某当场心脏病发作，没过多久就办病退离开了学校。

真正的朋友是会为对方的成绩而高兴，嫉妒心强的人往往会为对方的被提拔、受重用而不平衡。凭什么提拔的是他而不是我？他不就这样吗？你和妒忌者交往越密切，他越不平衡。因为，他知道你的"底细"不过如此；而你又是很平等的交往，他很难接受这种位置的变化。男人都有很强的好胜心、事业心，看到别人的成就，就会强烈地感觉到自己的挫败。

有人的地方就少不了嫉妒，理解他人的嫉妒心理，也是保护自己不被伤害的先决条件。比如在这个故事中，张某应该想到，两人是大学同学，你晋升为副校长，乔某却只在你的手下当一名处长，其实他的学识、能力、经验等等与你相比，并没有很大距离，他心理不平衡这也是人之常情。所以应该尽量理解他，在此基础上再采取相应办法，以便减弱他的嫉妒。

但张某是怎么做的呢？他一发现乔某的嫉妒就立刻怒火冲天，甚至还故意疏远乔某。他这样做就好像是火上浇油，让乔某的妒火越烧越旺。结果张某终于中了那支名叫"嫉妒"的冷箭，不得不含恨引退。

嫉妒心强的人感觉到你明显超过他的时候，或者将有升迁机会，他就会设置种种障碍，鸡蛋里找骨头。他们正是要借助挑刺的方式贬低你所取得的成绩和价值，从而达到否定你的目的，嫉妒的恶性膨胀将会构成巨大的阻力，阻挡你获得更大的成功。如果，嫉妒心强的人就在你的社交圈里，他就更容易打击、迫害、中伤你。所以我们千万不能小看嫉妒的危害，为了努力避开嫉妒的冷箭，我们不妨试试以下几点策略：

①削弱嫉妒心理

一个天生丽质或才干出众的人，本来就令人羡慕，若锋芒毕露、咄咄逼人，嫉妒的人就增加了，更容易使自己成为注目的对象。因此，不如对自己来些调侃、抑揄或自我嘲讽，并在一些不重要的场合故意给别人一些溢美之词，以此削弱对方的嫉妒心。

②化解嫉妒之情

对嫉妒的人，不必针锋相对，因为他嫉妒你，就说明你比他强。所以，你完全可以宽容大度，与之友好相处，并给予他尽可能地关心和帮助，在一定程度上可以化解一部分嫉妒心理。

③对嫉妒冷处理

对于妒火过盛者，无论你如何宽容友好，恐怕也无济于事。在这种情况下，最好的办法是不加理睬，"无言是最大的蔑视"，如果站出来辩解，对这种人只会起火上浇油的作用。所以，对无法消除的嫉妒，不加理睬，让嫉妒者自己去折腾。

男人嫉妒他人的智力优势；女人嫉妒别人的美貌绝伦；官场上嫉妒

他人青云直上；市井中嫉妒别人生财有道。嫉妒在生活中似乎是无处不在的，所以你应该多多钻研战胜嫉妒之道，免得一不小心就成了别人嫉妒枪口下的靶子。

正确面对别人的恶意攻击

身处社会中，偶尔遭到某些人的恶意攻击是不可避免的，但我们不能让这种攻击干扰了我们的心态和生活。

美国曾有一位年轻人，出身寒微，依靠自己的努力，在30岁时当上了全美有名的芝加哥大学的校长。这时各种攻击落到他的头上。有人对他的父亲说："看到报纸对你儿子的批评了吗？真令人震惊。"他父亲说："我看见了，真是尖酸刻薄。但是记住，没有人会踢一只死狗的。"

卡耐基很赞美这句话，他说：不错，而且愈是具有重要性的"狗"，人们踢起来愈感到心满意足。所以，当别人踢你，恶意地诋毁你时，那是因为他们想借此来提高自己的重要性。当你遭到诋毁时，通常意味着你已经获得成功，并且深受人注意。

恶意的批评通常是变相的恭维，因为没有人会踢一只死狗。

美国独立运动的奠基者、美国第一任总统华盛顿，也曾被人骂为"伪善者"、"骗子"、"比杀人凶手稍微好一点的人"。对于这些污蔑，华盛顿毫不在意，事实证明他是美国历史上最具影响力的人物之一。

明代人屠隆在《婆罗馆清言》中说："一个人要实现自己的理想，要找到真理，纵然历经千难万险，也不要后退。奋斗的过程中，要用坚强的意志来支撑自己，忍受一切可能遇到的屈辱，只要坚持下去，就能取得成功。责难羞辱不但损害不了你人格的完整，还会使人们真正了解你人格的伟大。重要的是，在遭遇责难侮辱时，把这一切都抛诸脑后，得一份清爽的心情。"

屠隆的话告诫我们，当面临无耻之徒的恶意诋毁时，你的态度应该是置之不理。

有些人对那些无中生有的污蔑表现得异常激愤，甚至反唇相讥，其实那都是没有必要的。如果换一种角度来看，那些遭人诋毁的人反倒应觉得庆幸，因为正是你极具重要性，别人才会去关注、去议论、去污蔑。所以不要理会这些无聊的人，事实会让流言不攻自破。

有位朋友对小仲马说："我在外面听到许多不利于你父亲大仲马的传言。"

小仲马摆出一副无所谓的样子回答："这种事情不必去管它。我的父亲很伟大，就像是一条波涛汹涌的大江。你想想看，如果有人对着江水小便，那根本无伤大雅，不是吗？"

听到别人的流言蜚语，经过客观地分析、判断之后，只要认为自己的做法合理，站得住脚，那么大可以坚持到底，不必妥协。

美国总统罗斯福的夫人艾丽诺曾受到许多攻讦，但她都能够泰然处之。她说："避免别人攻讦的唯一方法就是，你得像一只有价值的精美的瓷器，有风度地静立在架子上。只要你觉得对的事，就去做——反正你做了有人批评，不做也会有人批评。"

　　林肯曾就那些刻薄的指责写过一段话，后来的英国首相丘吉尔把这段话裱挂在自己的书房里。林肯是这样说的："对于所有的攻击的言论，假如回答的时间大大超过研究的时间，我们恐怕要关门大吉了。我竭尽所能，做我认为最好的，而且我一定会持续直到终了。假如结局证明我是对的，那些反对的言论便不用计较；假如结局证明我是错的，那么，纵有 10 个天使替我辩护，也是枉然啊！"

　　其实，做人就应如此，益则收，害则弃。对于正确的批评，我们应该欢迎，哪怕言辞激烈或只有百分之一的正确。但对于纯属恶意的人身攻击、诽谤、诋毁、中伤，我们如果不想被它所害，那就只有不去理会，像鲁迅所说的，最高的轻蔑，是连眼珠子都不转过去。

　　不必太在意别人的攻击，事实会说话，时间会说话。何况别人攻击你，说明你至少有被人攻击的价值，所以先不要去反击，这样你反而会不战而胜。

要弄清楚别人好意背后的真意

　　每个人都有私心，人们做什么事都是先考虑到自己的利益。假如有人拼命为你着想，那你就要小心了，也许对方正在打什么歪主意呢！丁宇就吃过一回这样的亏。

　　丁宇的顶头上司朱经理终于升为总经理了，而丁宇却破产了，因为负债累累，只能东躲西藏。事实上，正是丁宇的负债累累换得了朱经理的高升，故事的来龙去脉是这样的：

那天，丁宇去银行取款，打的回来，到了公司门口，下了车才发现皮包破了，钱丢了一半，天啊！整整19万啊！丁宇吓得脸色苍白，飞奔着跑到朱经理的办公室详细汇报了情况，朱经理沉默了一会儿说："这件事千万不能让人知道！"

"什么意思呢？"丁宇不明白他话里的意思。

他诚恳地为丁宇分析："你是非常正直又认真的人，这一点我知道。你刚才所说的，大概也不是谎话，但是，公司会怎样想呢？"

丁宇默不作声、不知所以，还是没有明白他的意思。

朱经理说："公司也许会认为，这个职员说是遗失贷款，说不定是放进自己的腰包里。大部分人一定会这么认为的。

"我是十分信任你的，我肯定不这么认为，但是公司一定会持这种看法。你还年轻，可以说前途无量。如果被公司怀疑了，你以后的日子怎么过呢？我是为你担心啊！"

丁宇一下被他的话震呆了，全身颤抖。

"19万元的确不是一笔小数目。但是，它却换不回你的大好前途。我若是你，不会把这件事张扬出去，而会想办法补足这一笔款项。"

丁宇咀嚼着他的话，不知不觉中觉得他的话越来越有道理——那家伙说钱是被人偷走，其实全都放进自己的口袋里了——同事的这些指指点点如在耳边。就依经理所说的，想办法填补这19万元吧……

经理听后，大加赞赏："这才是最明智的做法。"然后又加上一句："为了你的将来，我绝对不会对任何人说。所以，你千万也不要对任何人提起这事。"

丁宇拿出了自己和父母的积蓄，又托朋友向别人高利息借了钱，补足了丢失的贷款。

后来，丁宇明白了，朱经理把这件事隐瞒起来，说是为丁宇着想，其实完全是为自己。

丢了这么多钱，他作为丁宇的上司也要负很大责任，作为工作失误，丁宇当然会受到处罚，同事也未必如他说的那样怀疑丁宇。

与人交往时，头脑要保持清醒，千万不要被人家骗得说东是东，说西是西，要学会客观地分清前因后果，而不是被人牵着鼻子走。

当我们遇到事情，特别是遇到让人措手不及的事情时，我们就会希望有人能帮我们出出主意，指点一下迷津。这时候就要注意：尽量不要找与这件事有关的人想办法。很明显，他也是当事人，他一定会希望事情朝着有利于自己的方向发展，你找他帮你出主意，无异于与虎谋皮。他不肯帮你出主意还算好的，万一他帮你出点什么馊主意，你可能就会因此而无法翻身了。在这个故事中，朱经理明明也应当为丢钱的事承担一部分责任，他却摆出一副事不关己的样子，为了保住自己的职位，将过失全部转到丁宇头上，在丁宇还没弄清事情的严重程度前让他成了唯一的牺牲品。不要怪朱经理太奸诈，关键是丁宇没有必要的警觉心，所以才会糊里糊涂地上了人家的当。丁宇本来就应该想到的，朱经理热心给自己出主意的背后肯定有为他自己打算的想法。"人心隔肚皮"，太相信别人就只会让自己受到伤害。

世界上有全心全意为别人打算的好人，但大多是在事不关己的情况下，总之，遇事别太相信别人，自己考虑清楚再做决定才不会吃亏。

第九章
靠天靠地不如依靠自己的真本事

缠绕在大树身上的青藤永远不能成为大树，人也像青藤一样，天生的惰性会让他习惯于去攀附身边能够依靠的一切。但是，除了自己以外，没有什么是真正能靠得住的，身处一个纷繁复杂、竞争激烈的世界，唯一的生存之道就是依靠自己的真本事。

有"卖点"就有价值

一种商品能够在市场上不可代替，是因为这种商品有它独特的卖点。

在市场经济日益发达的今天，从某种意义上讲人也是一种商品。作为一种特殊的商品，人正在由各类学校和公司批量生产。这使得人与人之间的竞争更加激烈，能够胜出而不可代替的人都必须拥有自己的卖点——行销学上称为"独特的销售卖点"。学历不是卖点，你有别人也有；基本技能不是卖点，外语、电脑人人都在学；经验也不是卖点，21世纪变化实在太快了，你所谓的经验很快会被创新的方法所代替。商品是靠卖点来争夺全球、扩张市场的，人也一样，那些缺少卖点的人只能当替补队员了。

你是你自己的品牌经理。你得为自己找个独特的卖点。学历、技能、经验，虽然听起来都不错，可这些显然还不够独特。老板们会认为这是每个求职者必备的敲门砖，没什么大不了。再者，职场中的绝大多数人都把这"老三样"当作"卖点"在卖，你又有十足的把握竞争得过他们吗？

其实，职场中可以成为卖点的东西有很多。只是大多数人不知道这些也可以卖，而且还能卖高价。比如：学习能力、创新能力、组织领导、人际合作、沟通表达、效率管理……一个人总得有几手绝活，在学历、技能、经验都不相上下的时候，这些就成了你能胜出的独特卖点。

花点时间，好好找找你的卖点在哪里。如果你没有，请你赶快拿出读文凭、考证书的热情，帮自己获得竞争优势。

今天在职场中推销自己比以往更困难了，原因很简单：不是因为环境变了，而是自己改变了。我们应该找准自己的卖点，这样，你才有竞争优势。

竞争激烈的确是个事实，可很多公司因为找不到合适的人选而不得不让职位空置的事实在提醒今天的求职者：不是没有机会，而是你必须告诉自己，你究竟卖的是什么？

做自己的"品牌经理"吧，打造自己的卖点，你才能成为不可缺少的那个人，才能在竞争的激流中立于不败之地。

实力才是说话的最大本钱

在金庸的《倚天屠龙记》中，倚天剑、屠龙刀是两件无人敢与之争锋的武器，即使是武功平庸之辈，一旦能将其中任何一件拿在手中，都会让人不敢轻觑。即使有人垂涎不已，也必须耐心等待机会。

看来，手里有"硬货"，才会有坚实立足的资本，这在任何时候都是人们所必须承认的。在今天的现实中，几乎每一个人都希望得到别人的肯定，都想在工作中得到重视。但是，要想得到肯定和重视并不是无条件的，关键是看你有没有能拿得出手的"硬货"，也就是说，你得有让别人重视你的资本和理由。

曾经有一个人很不满意自己的工作，他愤愤地对朋友说："我的老板一点也不把我放在眼里，在他那里我得不到重视。改天我要对他拍桌子，然后辞职。"

"你对于那家公司完全清楚了吗？对于他们做国际贸易的窍门完全搞通了吗？"他的朋友反问。

"没有！"

"君子报仇，十年不晚，我建议你好好地把他们的一切贸易技巧、商业文书和公司组织完全搞通，甚至连怎么排除影印机的小故障都学会，然后辞职不干。"他的朋友建议，"你把他们的公司当成免费学习的地方，什么东西都通了之后，再一走了之，不是既出了气，又有许多收获吗？"

那人听从了朋友的建议，从此便默记偷学，甚至下班之后，还留在办公室研究写商业文书的方法。

一年之后，那位朋友偶然遇到他，说："你现在大概多半都学会了，可以准备拍桌子不干了！"

"可是我发现近半年来，老板对我刮目相看，最近更是委以重任，又升官，又加薪，我已经成为公司的红人了！"

"这是我早就料到的！"他的朋友笑着说，"当初你的老板不重视你，是因为你的能力不足，却又不努力学习；尔后你痛下苦功，担当重任，当然会令他对你刮目相看。只知抱怨老板，却不反省自己的能力，这是人们常犯的毛病啊！"

让别人重视你的最好做法，就是用实力来撑起自己。只有这样，才能在一定的范围之内让自己举足轻重。

在不久前曾被广泛报道赞誉的劳动模范许振超，曾是青岛港一名普通的桥吊司机。他凭借苦学、苦练、苦钻，练就了一身绝活儿，成为数万人的港口里响当当的技术"大拿"，进而成为闻名全国的英雄人物。

许振超的"无声响操作"使偌大的集装箱放入铁做的船上或车中，居然做到了铁碰铁，不出响声，这是许振超的一门"绝活"。其实他所以创造了这种操作方法，是因为它可以最大程度地降低集装箱、船舶的磨损，尤其是降低桥吊吊具的故障率，提高工作效率。实践证明，它是最科学也是最合理的。

有一年，青岛港老港区承运了一批经青岛港卸船，由新疆阿拉山口出境的化工剧毒危险品，这个货种特别怕碰撞，稍有碰撞就可能引发恶性事故。当时，铁道部有关领导和船东、货主都赶到了码头。为确保安全，码头、铁路专线都派了武警和消防员。泰然自若的许振超和他的队友们，在关键时刻把"绝活"亮出来了，只用了一个半小时，40 个集装箱被悄然无声地从船上卸下，又一声不响地装上火车。面对这轻松如"行云流水"般的作业，紧张了许久的船主、货主们迸发出了欢呼。

许振超是位创新的探索者，他的认识很朴素：我当不了科学家，但可以有一手"硬货"。这些"硬货"可以使我成为一名能工巧匠，这是时代和港口所需要的。就是凭借着这样的一种信念，许振超手里的"硬货"愈来愈多，这也使得他能不断地成功实现自己的目标。

在企业改制过程中，不少人下岗，其中不乏中专、大专学历者，而许振超以一个初中生的学历，硬是靠关键时刻能打硬仗的绝活儿成了一个大型企业的员工楷模。

所以，要想真正在人生战场上始终立于不败之地，并不断地猎取成功，就必须想方设法让自己拥有让你说话掷地有声的实力，只有拥有了这种实力，才能获得别人的充分重视和肯定。

从一点一滴入手武装自己

在当前流行的网络游戏中，每一个新加入的玩家所选择的人物在刚一开始时，都无一例外地是"光着屁股"，两手空空，一无所有。在"残酷"的竞技场中，他必须一点一滴、脚踏实地地为自己打造装备，从无到有、从粗劣到精锐，直到使自己的盔甲、宝剑以及各种法宝都是顶尖的，全身上下都熠熠生辉，叱咤"江湖"，令人敬畏。

游戏程序的编写者显然是遵从了现实的规律。虽然每个人都希望自己成为一个不平凡的人，都在期待一个能让自己发迹的机会。但倘若不能够循序渐进地让自己的装备越来越精锐，力量越来越强大，那只会使自己永远处于"光屁股"状态，不可能让自己手执最锋锐的"长矛"，所向无敌。

曾任美国总统的亨利·威尔逊出生在一个贫苦的家庭，当他还在摇篮里牙牙学语的时候，贫穷就已经向他露出了狰狞的面孔。威尔逊10岁的时候就离开了家，在外面当了11年的学徒工，每年只能接受一个月的学校教育。

在经过11年的艰辛工作之后，他终于得到了1头牛和6只绵羊作为报酬。他把它们换成了84美元。他知道钱来得艰难，所以绝不浪费，他从来没有在娱乐上花过1个美元，每花一美分都是经过精心算计的。

在他21岁之前，他已经设法读了1000本好书——这对一个农场里的孩子，这是多么艰巨的任务啊！在离开农场之后，他徒步到160千米之外的马萨诸塞州的内蒂克去学习皮匠手艺。他风尘仆仆地经过了波士顿，在那里他可以看见邦克希尔纪念碑和其他历史名胜。整个旅行他只花费了1美元6美分。

在度过了21岁生日后的第一个月，他就带着一队人马进入了人迹罕至的大森林，在那里采伐圆木。威尔逊每天都是在天际的第一抹曙光出现之前起床，然后就一直辛勤地工作到星星出来为止。在一个月夜以继日的辛劳努力之后，他获得了6个美元的报酬。

在这样的穷途困境中，威尔逊痛下决心，不让任何一个发展自我、提升自我的机会溜走。很少有人能像他一样深刻地理解闲暇时光的价值。他像抓住黄金一样紧紧地抓住了零星的时间，不让一分一秒无所作为地从指缝间白白流走。

12 年之后，他在政界脱颖而出，进入了国会，开始了他的政治生涯。

无独有偶，美国著名作家杰克·伦敦在 19 岁以前，还从来没有进过中学。但他非常勤奋，通过不懈的努力，使自己从一个小混混成为一个文学巨匠。

杰克·伦敦的童年生活充满了贫困与艰难，他整天像发了疯一样跟着一群恶棍在旧金山海湾附近游荡。说起学校，他不屑一顾，并把大部分的时间都花在偷盗等勾当上。不过有一天，他漫不经心地走进一家公共图书馆内开始读起名著《鲁滨孙漂流记》时，他看得如痴如醉，并受到了深深的感动。在看这本书时饥肠辘辘的他，竟然舍不得中途停下来回家吃饭。

第二天，他又跑到图书馆去看别的图书，另一个新的世界展现在他的面前——一个如同《天方夜谭》中巴格达一样奇异美妙的世界。从这以后，一种需要读书的强烈情绪便不可抑制地左右了他。

于是，就在他 19 岁时，他进入了加利福尼亚州的奥克德中学。他不分昼夜地用功，从来就没有好好地睡过一觉。天道酬勤，他也因此有了显著的进步，他只用了 3 个月的时间就把 4 年的课程念完了，通过考试后，他进入了加州大学。

他渴望成为一名伟大的作家，在这一雄心的驱使下，他一遍又一遍地读《金银岛》《基督山恩仇记》《双城记》等书，同时拼命地写作。他每天写 5000 字，这也就是说，他甚至可以用 20 天的时间完成一部长

篇小说。他有时会一口气给编辑们寄出 30 篇小说，但它们统统被退了
回来。

后来，他写了一篇名为《海岸外的飓风》的小说，这篇小说获得了
《旧金山呼声》杂志所举办的征文比赛头奖，但他只得到了 20 美元的稿
费。5 年后的 1903 年，他有 6 部长篇以及 125 篇短篇小说问世。他成
了美国文艺界最为知名的人物之一。

威尔逊和杰克·伦敦的从弱到强，显然是一种"空手夺剑"的套路，
从而让自己拥有了赖以发威的有力武器，并且越来越精锐。当然，这个
过程是漫长的，而且也并不像武林高手过招时那样直接。但这种实实在
在的过程，也许更能让我们看清楚其每一个具体的细节。

有特殊的看家本领可保生存无忧

如果我们把这个现实社会也看成一个"江湖"，那么，要想从中猎
取成功，显然也要有一种特殊的"兵器"在手才行。

人们常说"一招鲜，吃遍天"。这话想必永远不会过时。无论你是
上九流之人还是下九流之辈，只要你对自己从事的行业有所专长，得其
精髓，那么你肯定就能在此行业有所建树。

《庄子》一书中，有两个技艺超群的人。一个是厨房伙计，一个是
匠人，厨房伙计即那位著名的庖丁，匠人即那位楚国郢人的朋友，叫匠

石。二人的共同之处，就是独精一门技艺，简直到了出神入化的境界。

先看庖丁，他为梁惠王宰牛。他那把刀似有神助刷刷刷几下，一个庞然大物，便肉是肉、骨是骨、皮是皮地解剖得清清爽爽。他解牛时，手触、肩依、脚踏、进刀，就像是和着音乐的节拍在表演。更奇的是，庖丁的刀已用了19年，所宰的牛已经几千头，而那刀仍像刚在磨石上磨过一样锋利。

再看匠石，他的技艺也十分了得。郢人把白灰抹在鼻尖上，让匠石削掉。那白灰薄如蝉翼，匠石挥斧生风，削灰而不伤郢人的鼻子。

古人讲，凡是掌握了一门技艺，无论是做什么的，都可以成名。只要有一技之长，就可以自立。过去老人总对年轻人说："纵有家产万贯，不如一技在身。"这是最平凡最实在的人生道理。

在这方面，还有一个很有意思的故事。

在很早以前，有个国王游兴大发，带着女儿乘船出海游玩。突然天色骤变，狂风怒吼，海浪冲天，一下子把他们的船刮到了老远的地方——一个陌生的国家。他和女儿上岸后，就向见到的人述说他们的身份及不幸的遭遇，可没有人相信他们的话，加上他们又没带一文钱，最后，竟落得没人理的地步。为了生存，国王只好去找活干，别人问他有什么技艺，他说什么都不会。没办法，最后他只好给人家放羊，成了牧羊老人。

过了几年，当地国王的王子出外打猎，碰巧遇上了牧羊老人美丽俊秀的女儿，他被眼前这个姑娘迷住了，发誓要娶她为妻。他回家后，便和国王、王后说了这事。国王、王后都不同意，认为一个王子娶一个牧羊女做妻子，简直是辱没自己的门第。可王子执意如此，国王、王后只好委派一个大臣去找牧羊老人提亲。

没想到，牧羊老人一点儿也不感到吃惊，反倒问："王子有什么一技之长吗？"

大臣感到非常意外地说："牧羊老人，你的女儿是嫁给王子，王子会什么一技之长啊！再说他要一技之长干什么用？普通人学点技艺，是为了养家糊口，他是国王的继承人，有的是疆土和财宝，他要一技之长干什么？"

牧羊老人却说："他没有一技之长，我不会把女儿嫁给他的。"

大臣只好回去如实禀报。国王又派了一个大臣来游说，牧羊老人照旧这样回答。

为了娶到牧羊老人的女儿，王子决定去学一门技艺。他喜欢制作陶器，于是就开始学习制陶术，最后，王子掌握了这门技术，制作出最精美的陶器。他带着自己制作的陶罐去见牧羊老人。

牧羊老人问："这个陶罐你能卖多少钱？"

王子说："两个小银币吧！"

牧羊老人说："今天两个，明天就是四个。很不错。我如果有一技之长，就不会放牧了。"他答应了王子的求亲，并向王子述说了自己因没有一技之长而遭遇的种种不幸。

这个故事中的牧羊国王，当海上一阵狂风把他和女儿从自己国家的地盘刮到从未听闻的陌生国家的领土之后，当他拼命地向别人解释自己是某某国国王的时候，当别人耻笑他，以为他是有狂想症的时候，当他发现自己的兜里没有一文钱的时候，当他为了生存寻找活路的时候，他突然发现，没有人对他的过去感兴趣，没有人对他的国王地位感兴趣，所有能够帮助他的人，其实，都只对一个问题感兴趣，那就是"你有什么本事，你有一技之长吗？"

明陈继儒《小窗幽记》中说："是技皆可成名天下，唯无技之人最苦；片技即足自立天下，惟多会之人最劳。"这段话和前面的故事所体现的思想是一致的。人，只要有一技之长，就可以立足，就可以实现自我价值。

春秋战国时的公孙龙就很看中人的一技之长。他曾对他的弟子说："没有特长的人，我一概不收他们做弟子。"一天，一个身穿粗布衣服、腰系麻绳的人来见公孙龙，想拜公孙龙为师。公孙龙问："你有什么本事？"来人说："我的嗓门很高。"公孙龙问他的弟子们："你们当中有谁比他的嗓门高吗？"弟子们回答："没有。"于是公孙龙收他做了弟子。几天后，公孙龙一行要去游说燕国，来到黄河边上，而渡船却在对岸。这时，公孙龙要那个嗓门大的新弟子呼唤船家，那弟子只喊了一声，渡船就划了过来。倘若公孙龙没有这么一个嗓门大的弟子，还不知要等到什么时候才能把渡船等来呢！

看来，即使一个人在现有条件下衣食无忧，也要试着想一想，自己是否拥有一件特殊的技能，是否有让自己在任何时候都能有用的秘密武器？这个问题，也许在平时显得很突兀，但当你有一天不再是"国王"，可能就必须要用另一种方式去寻求你的人生价值了。

善于磨刀才能砍更多的柴

如果把我们身外的世界看成是一座山林，而我们以樵夫的身份进山"砍柴"，肯定要带一把尽可能锋利的柴刀，否则，带着一把钝刀上山，即使拼命干到天黑，可能也不会从山上背下几根好柴。如果我们手中是一把钝刀，或者在连续的使用下已不够锋利，那么就应该尽快地把它磨砺一番才对。

澳大利亚有一位著名的银行家名叫马歇尔·布朗，他在进入澳大利亚著名的新南威尔士银行工作时，只有高中学历，因此，也只好当一名小职员。两年之后，他一再要求人事部把他调到这家银行在英国的分行去。在伦敦新南威尔士银行的办事处工作三年后，马歇尔·布朗又回到澳大利亚。

在对个人的前途做了长时间的慎重的考虑之后，他决定再次上学。他认为，如果他要在银行业的梯子上登上更高位置，就必须要有更高的学历和更高的领导水平。

但是，白天繁忙地工作，晚上艰苦地学习，这并不是一件轻松容易的事。可他知道自己追求的是什么，他一定要达到目的。于是，马歇尔·布朗咬紧牙关，不怕辛苦，一个星期有三次利用晚上的时间到北悉尼理工学院攻读会计学。经过 5 年的努力，他终于毕业，取得了会计师的资格。但是，他并不以此为满足。他继续读了两年夜校，攻读秘书和商业行政课程，并终于取得了毕业文凭，领取了毕业证书。有了这些学历之后，马歇尔·布朗的领导水平也有了进一步的提高，他具备了在事业上拾级而上的条件。没有多久，他就担任了新南威尔士银行悉尼分行经理的这一重要职务。

1974 年，马歇尔·布朗被选中调到香港，在香港设立澳亚国民银行的办事处，经营香港、中国大陆和韩国的金融业务。

1978 年，香港的商业银行业务有了比过去几年更大的发展机会，澳亚国民银行和日本的三菱信托银行公司在香港设立了一个联合企业，马歇尔·布朗以其卓越的领导才能成了这家联合企业的主持人。经过不断地学习，马歇尔·布朗逐步完善自身领导素质，后来，他又荣幸地成为新南威尔士银行香港分行的经理董事。

美国著名管理学大师杜拉克曾指出："现代人必须不断学习。这不仅应是每个有上进心的人主观的求知愿望，而且也是客观实际的要求。"

学习会不会耽误正在进行的工作？恰恰相反，"磨刀不误砍柴工"，学习只会提高工作的质量与效能。当你把手中的钝刀变成利刃之后，也许对这一点会有更深切的体会。

然而人类的通病是，当得到一些成绩的时候，或者事业稍有成就了，就容易耽于安逸，安于现状，故步自封，不想再去费力磨刀，甚至干脆一撒手躺在一堆并不怎么多的柴火上休息去了。长此以往，不进反退，终将有山穷水尽的时候。

因此，时常由内心生出警惕，激发求新的欲念，唤起求知进取的精神，磨快刀，砍多柴，这才是面对时代潮流应有的态度。

当年，杨澜从一个学生成为《正大综艺》的节目主持人，把一个有着良好家教和较高文化素养的青春少女的形象和富有女性细腻情感的职业妇女的形象统一在一起，为我们创造了一种既高雅又本色，既轻松又令人回味的主持风格。

但在完成了《正大综艺》20 期制作之后，杨澜跨越太平洋去了美国，攻读哥伦比亚大学国际传媒硕士学位。

当时很多人都不理解，因为杨澜已经取得了成功，已经成为著名节目主持人，她完全可以在她的地位上享受她已经获得的荣誉。但是，越是有功底的人越能体会到功底和学识的重要，越能产生在功底和学识上进一步提升自己的渴望。所以杨澜离开了众人羡慕的主持人位置，去美国读书，又成了一名学生。

当杨澜再一次出现在媒体上时，她的形象发生了很大变化。她的境界提升了，她在自己的人生道路上又上了一个台阶。

成功没有止境，个人的自我磨砺和提高也应当是没有止境的。因为这个社会的发展永不停息。

有些人浅尝辄止，满足于一时的成功。他们虽然值得庆贺，但不值得人敬佩。只有那些不断进取、不断超越自己的人才值得我们敬仰。

"软功夫"是一个人必不可少的利器

有这样一句俗话："晓之以理，动之以情"。这是一种打动人的方式。人都是有感情的，只要你的言语真挚情深，一般人都会为之动心。这就是运用"动之以情"的出发点。动情法常借助于智力、环境等因素的配合，展开攻心战，往往能出其不意地达到说服目的。因此，倘若能运用好这种软功夫，往往能发挥出很大的威力。

诸葛亮率军南征之初，马谡奉后主之命，携酒帛前来犒劳军众。公务之后，诸葛亮把他留在帐中，请他对这次征南行动"赐教"。马谡回答："南蛮自恃地远山险，不愿臣服，丞相大军前往，不日定能平定叛乱。但是当班师之后，丞相必定带兵继续北伐曹丕；蛮兵若知我朝内空虚，必然又会反叛。用兵之道在于：'攻心为上，攻城为下；心战为上，兵战为下。'但愿丞相能够完全镇服叛众的心。"马谡的一席话，说到了诸葛亮的心底里。在这以后的征服行动中，诸葛亮坚定不移地执行这一谋略，特别是对孟获，七擒七纵，创造了攻心为上的千古绝作，终于使孟获感激涕零，发誓以后"子子孙孙"永不再反，为诸葛亮挥师北上，兵伐中原，奠定了巩固的后方。

马谡"攻心为上"的见解是针对西南的特殊作战背景提出的，且与刘备、诸葛亮一贯的政治权谋是一致的。刘备十分注意收买人心，他在许多场合都把自己装扮成"爱民惜物"的善人——一位仁德圣明之主。他文不及诸葛亮，武不及关、张，而能被曹操称为与自己并驾齐驱的"天下英雄"，被周瑜、鲁肃视为难以对付的"枭雄"，在竞争激烈的乱世中平步崛起，其根本原因就在于此。

马谡的见解、刘备的所为，体现了一种高超的制胜谋略。古人云："得人心者王"。赢得人心，治国则可长治久安，治军则可令兵效命，制胜则可实现"兵不钝而利可全"、"不战而屈人之兵"的理想目标。"上兵伐谋"，这里的"谋"是多方面的，其中谋得人心，则是伐谋中的精髓。

纽约市国际飞艇公司的创始人和总经理洛乌·伯尔曼曾经面临一个

令人头痛的问题，就是他的 42 名雇员中有 8 人为了操作公司租借的两架欧式小飞艇，每年要在外面住上 8 个月。他们对此项苦差事都感到越来越难以忍受。

伯尔曼给他们提了薪，又增加了奖金，但是并没有起到很好的效果，原来问题不是出在报酬上，而是出在家庭方面。于是，伯尔曼提出，在此后的两年里增加雇员，公司愿意为此支付由此增加的工资和奖金，这样，野外工作的持续时间就可以减少一半。其他的雇员们则同意冻结工资 20 个月。伯尔曼估计，由此节省的费用可以补偿聘用新的管理人员的开支。

伯尔曼说："知道可以回去过正常的家庭生活，大家都干劲倍增。"

热爱自己的职工是经营者之本。一个优秀的企业家，只有让职工们认识到自己存在的价值和具备了充足的自信之后，才有可能做到上下一心，事业才能迅猛发展。

土光敏夫使东芝企业获得成功的秘诀是"重视人的开发与活用"。在他 70 多岁高龄的时候，曾走遍东芝在全国的各公司、企业，有时甚至乘夜间火车亲临企业现场视察。有时，即使是星期天，他也要到工厂去转转，与保卫人员和值班人员亲切交谈，从而与职工建立了深厚的感情。他说："我非常喜欢和我的职工交往，无论哪种人我都喜欢与他交谈，因为从中我可以听到许多创造性的语言，使我获得极大的收益。"

有一次，土光敏夫在前往一家工厂途中，正巧遇上倾盆大雨，他赶到工厂，下了车，不用雨伞，对站在雨中的职工们讲话，激励大家，并且反复地讲述"人是最宝贵"的道理。职工们很是感动，他们把土光敏夫围住，认真倾听着他的每一句话。炽热的语言把大家的心连在一起，使他们忘记了自己是站在瓢泼大雨之中。激动的泪水从土光敏夫和员工们的眼里流出来，其情其景，感人肺腑。

讲完话后，土光敏夫的身上早已湿透了。当他要乘车离去时，激动的女工们一下子把他的车围住了，她们一边敲着汽车的玻璃门，一边高声喊道："社长，当心别感冒！保重好身体。你放心吧，我们一定会努力地工作！"面对这一切，土光敏夫也情不自禁地泪流满面。

事实上，在某些时候，用以情理动人这种"软兵器"会比"硬兵器"产生更好的效果。只不过在现实中，大多数人对此种"兵器"的打造和使用，显得不够重视，因此也导致了许多棘手问题难以解决。不久之前的巴黎骚乱，先是法国的内政部长用硬手段去弹压，结果反而如火上浇油，局面更加混乱。直到内阁总理出面，用情理这种软兵器去救急，才使问题逐渐消弭。软功夫的奇特功效，由此可见一斑。

实用的本事才能拿得出手

很多年轻人在初入社会之时，头颅高昂，意气风发，仿佛只要他愿意，一伸手就能轻而易举地把成功抓在手里一样。既然有这种心态，那么他们肯定是有"先进武器"随身携带。然而细一追问，原来他们所倚仗的兵器，也不过是一张大学毕业证和其他几种或有用或没用的证书而已。这些东西，当然也可以算得上是一种"装备"，但在现实应用中，其象征意义恐怕要大于实际意义。

现在的社会崇尚务实精神，光有镀金的文凭和这个证那个证是不完全管用的，你必须拿出实打实的本领来。人们所看重的，并且你也真正能发挥作用的，是你的实际能力而不是学历。

前几年，社会上流行"考证热潮"。想找个好工作？好办！你先拿出你的学位证、英语等级证、计算机等级证，以及各种资格证书，证书越多就代表你越有才干。报纸上登了这样一件事：某名牌大学的一名高才生，在学校里是个"十项全能"的风云人物，当然各种证书也拿了不少。但天有不测风云，就在此君毕业前夕，一把意外之火烧掉了他全部家当。他自信能力过人，也就没急着补办证书什么的，只是请老师开了个证明。没想到招聘会一开始就吃了大亏。各家企业对他才情并茂的自荐信不屑一顾，却一再追问他有什么证书，尽管有学校的证明，但各家企业一概客气地请他走人。眼看同学们都找到了不错的工作，只有自己毫无着落，此君心急如焚，这真是"企业大门朝南开，有才无证莫进来！"最后，此君还是拿到补办的各种证书后，才找到了一个工作。

但现在的企事业单位就理智多了，社会上开始越来越重视能力了，光有学历没有真才实学，饭碗照样端不长久。"拥有哈佛的学位可以在世界任何一个地方混得好"。不少现在或将来想去哈佛求学镀金的人都这样认为。那么哈佛的招牌到底有多神？哈佛学子真是个个成功？事实并非如此。仅有哈佛的一张文凭却没有能力的人，绝对担不起重任，难以混出个名堂来。手里拿着哈佛的毕业证书，有时却连工作也难找到，这在哈佛毕业生中并不少见。

杰克学习成绩出类拔萃，财务、会计等课程门门优秀，投资银行很需要这样的人才，而他也参加过几家投资银行的面试，但他却接连失败了。在学校，他确实是位屈指可数的优等生，但不知怎么偏偏在面试时怯场，哈佛的口才培养看来没有在他身上起到良好的作用。甚至就连那些成绩一般的学生都录用的二流企业，也没有录用他。最后在他准备的面试公司名单上，只剩下了一家地方城市的公司。由于连续的挫折，杰克的精神受到很大的打击。他想，自己的大学时代就是在这个城市的近郊度过的，回到这里不是也很好吗？

面试开始后，杰克感觉这次面试有一种与以往不同的好气氛，考官是一位平易近人的年轻人，而且毕业于与母校有密切关系的大学，所以谈起来非常融洽；他想，这次可能差不多了吧！

哪知这时考官发问了："你想来我们公司的动机是什么？"

说实话，他本来就没想到会到这最后一家候选公司面试，所以准备很不充分，对该公司的内部情况一无所知。慌乱之中他只能把自己有关投资银行的知识拿出来应付场面，这样他犯下了一个致命的错误。一席话说完，考官默默地站起来，打开房门，做出一个请走人的手势："对不起，我们公司可不是投资银行，以前不是，现在不是，将来也不打算成为投资银行。不过你的发言还真让我吃了一惊。迄今为止把我们与投资银行搞混的人你还是第一个。请记住，我们公司是美国屈指可数的几家资产管理公司之一，真不知你是怎么从哈佛毕业的。"走出面试房间已经很长时间了，那位考官的话还在杰克耳边回荡。

类似杰克此等遭遇的哈佛毕业生不少，他们往往也能找到一份属于自己的工作，但绝对不是如人们想象的是凭了哈佛的毕业证书，就能一出手即成功，并且在以后也"混"得很好。

　　所以，无论对于什么人，不管你是毕业于名牌大学，或者是有各种镀金的证书，这些都只是类似于古代文人佩剑的外在标志。面对这个竞争日益激烈的社会，你必须要在收起招牌之后，能够表现出应对现实业务的非凡能力。手中多几种这样的本事在任何时候都会是好事！